水循環・水環境と生態系
を支える水土里資源

早瀬　吉雄

ま え が き

　人間の生命機能が他の動植物に依存している以上，人類の生存には，他の動植物も生存可能な「自然との共生」が至上命題であり，自然・生物・人間の共存共栄，持続可能な関係の確立が希求されている。

　このため，日本においては，2014年に水循環基本法が施行され，2015年に瀬戸内海環境保全特別措置法は，生物多様性などの価値や機能を高める改正がなされた。2020年に，政府が「温室効果ガスの排出量を2050年までに実質ゼロにする」と発表した。

　石炭・石油の燃焼によって排出された窒素酸化物は，大気循環によって国境を超えて輸送・沈着し，水の循環と共に地球上の陸域・海域の多様な自然生態系を支えている。地球温暖化防止の脱炭素は，喫緊の課題ではあるが，これまでの窒素循環の縮小をもたらし，花粉媒介昆虫などによる生態系サービスの減少，地球上の自然生態系の保全，農林業の生産活動への影響も懸念される。

　このため，生態系サービスの「発現メカニズム」の解明と価値の「可視化」，価値保全のための対策と行動計画が必要となる。これらによって生態系サービスの過剰な利用が抑制され，更なる改善が期待される。

　「水土里資源」とは，水田地帯を流れる水，水田の土地，農村に住む里の人々を指すが，それらと彼らの一体的な働きによって，生態系サービスにとどまらず，地域に多様な恵み・価値を生み出すとともに，その可能性を有している。本書では，それらの事例を検証することによって，「水土里資源」の「可視化と機能向上」を目的としている。

　本書には，著者の既往の研究成果の中から，次の3課題を掲載した。

「Ⅰ．流域の水環境と水土里資源」

　霞ヶ浦・琵琶湖周辺などの水田域の水質研究には，畑作，酪農，都市排水など，多様な排水が混在し，水田域の機能解明には限界がある。山紫水明の石川県手取川及び富山県庄川を水源とする扇状地水田域における水質動態の解明を

i

行った。手取川・庄川の本川と水田域の排水を受ける河川・小矢部川を流れる水の窒素・リンの濃度を比較すれば，森林山地域で扶養できる水生生態系には限りがある。扇状地における水田農家などと土地改良区による生産活動が，扇状地の健全な水循環・水環境だけでなく，水田域から自然に流出する栄養塩によって，河川の水生生態系，富山湾特産のシロエビ資源の保全にも寄与していることなど，水土里資源が発揮している機能のエビデンスを明らかにした。

「Ⅱ. 自然資源活用による地方創生」

手取川流域が持つ森林・水資源などの自然資源量を，それらによって扶養可能な人口数で評価した。さらに，自然資源による農林業生産だけでなく，自然資源が持つ機能に積極的に働きかける低炭素化等の活動などによって，生産者と消費者のコミュニティ・協働・共創による持続可能性重視の社会づくりを目指す「水と緑のイノベーション」を提案した。

「Ⅲ. 気候変動に備える」

「農業農村整備における地球温暖化対応検討会」[1]では，「農地，農業用水，土地改良施設を従来の農業生産活動の範疇を超えて活用し，地球温暖化の防止や影響への適応に対して積極的に貢献させることも可能である」としている。

著者は，温暖化に伴う洪水災害の軽減を図るためは，歴史的に池沼であった干拓田や氾濫湛水した低平農地域を，洪水時には，一時的に貯水池・遊水池化するなどの対策が必要と考える。水害危険度の高い地域に立地する企業群・自治体などが，低平農地域における洪水時の遊水域化計画・実行を支援することは，「E(環境)，S(社会)，G(統治) and C(気候変動)」の実践である。

著者が，勤務した各機関での研究・業務の推進に当たって，関係各位から多大の御協力を頂いたことを記して，厚く感謝申し上げる次第です。

引 用 文 献

1) 農林水産省：農業農村整備における地球温暖化対応策のあり方(2008), http://www.maff.go.jp/j/nousin/keityo/kikaku/pdf/data1-2.pdf (参照：2014年6月20日)

<h1>目　　次</h1>

Ⅰ. 流域の水環境と水土里資源

1. 手取川扇状地の健全な水循環・水環境への挑戦

まえがき

日本には，水源となる山地から海まで，距離の短い急流河川が多い。昔は，川がいくつもの川筋に分かれて流れ，洪水のたびに流れが変わり，堤防も壊されては築くことの繰り返しであった。河川沿岸の各用水は，個別に取水口を設けたため，洪水で河道が変わるごとに据え替えを行い，干天が続けば，上流用水が水を取り尽し，下流用水は水不足に陥る，上流優先の掟があった。

ここでは，**図-1**に示す石川県手取川流域扇状地で展開されてきた健全な水循環・水環境への挑戦の歴史を振り返るとともに，これからの課題について検討する。

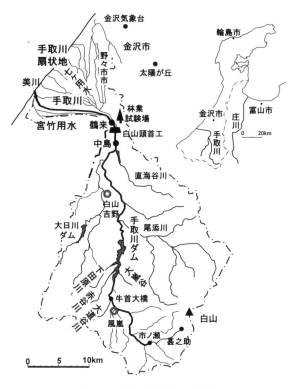

図-1　手取川流域の概要

1

1.1 手取川流域の変遷

　約1万年前頃の最終氷期の海岸線は，現在より40m低い位置にあった。そのころまでに，手取川源流部にあった加賀室，古白山，新白山の火山群は，大崩壊，浸食されて出来た膨大な量の砕屑岩・土砂が，大洪水で運ばれ，谷口から海底広くに堆積して，手取川下流域には，礫層厚50mの広大な扇状地が形成された。その扇央稜線は，**図-2**の破線

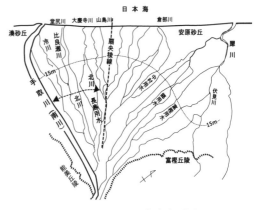

図-2　手取川の流路変遷図

の位置にある。その後も日本海の海退に伴って扇状地が浮上拡大し，手取川本流[1]は，流路を**図-2**の右岸側の矢印線の範囲で，北川から南川に変動させた。平安・鎌倉時代は大慶寺川・長島川筋に，南北朝・室町時代には比良瀬川筋，さらに冷川筋の北川に移動した。その後，手取川は，前田藩政の1660年頃に，上流で「川落とし」の流路変更工事をしたが，その後に起こった大洪水によって，流路が南川に固定された。手取川は，氾濫を繰り返しながら「七たび水路を変えた」との伝承がある暴れ川であった。

1.2 水利調整と水利施設による水利環境の改善[2]

　今日の手取川は，**図-1**に示すように，その源を霊峰白山（標高2,702m）に発し，尾添川，大日川，その他の支川を合流して白山市鶴来町付近に至り，これより山間部を離れ，石川県の誇る穀倉地帯である加賀平野を西流し，白山市湊町にて日本海に注ぐ流域面積809km²，幹川流路延長72kmの石川県最大の一級河川である。手取川流域の年平均降水量は，平野部2,600mm，山間部3,300mmで多雨地

2

表-1　七ケ用水と宮竹用水の水利調整経過

合意年	1891(明治24)年		1961(昭和36)年			1967(昭和42)年		
地区名	面　積 (ha)	配水量 (m³/s)	面　積 (ha)	代掻期 (m³/s)	灌漑期 (m³/s)	面　積 (ha)	代掻期 (m³/s)	灌漑期 (m³/s)
七ケ用水	6,490	66.88	9,176	43.53	32.48	8,290	55.5	32.48
宮竹用水	1,785	9.74	3,056	14.51	10.50	2,931	14.5	10.50
合　　計	8,275	76.62	12,232	58.04	42.98	11,221	70.0	42.98

帯である。

1.2.1 手取川扇状地の水利慣行

　昔から里人は，仰ぎ見る白山の残雪模様の「猿たばこ」などの雪形を，代掻き・田植えの作業目安とし，「水竜・火竜」の雪形で水不足を占った[3]という。

　手取川扇状地では，手取川の右岸が七ケ用水，左岸が宮竹用水の灌漑区域となっている。また，表土が浅い砂壌土，心土が砂礫層であるため，用水の浸透（日用水量が200～300mm/日）が激しく，毎年の水不足を，次のような番水で対応した。①部落ごとに支線水路の堰を操作して各農家が順次取水，②幹線用水路を，上郷，中郷，下郷に三分して配水量及び配水時間を規制する内川番水，③七ケ用水を二分し，富樫・郷・中村の3用水を甲班，山島以南の4用水を乙班として，先班を14時間給水した後に24時間宛給水する大番水を行った。

1.2.2 用水取入口の変遷

　手取川を巡る七ケ用水及び宮竹用水の水利秩序の変遷は，第Ⅰ期：1903(明治36)年以前，第Ⅱ期：1961(昭和36)年迄，第Ⅲ期：1962年以降に分けられる。大日川ダムの完成する1967(昭和42)年まで，水争いの状況は，毎年，新聞紙上を賑わした。

(1)第Ⅰ期：1903(明治36)年以前　　　表-1に示すように，1891年頃の灌漑面積と取水量は，七ケ用水が6,490ha，66.88m³/s，宮竹用水が1,785ha，9.74m³/sであり，両用水の面積は，3.6：1に対して，水利権比は，6.9：1であった。1903年まで，図-3に示すように各用水とも個別に手取川の中州に設けた井堰により取水した。

(2)第Ⅱ期：1903(明治36)年から1961(昭和36)年まで　　　1903年右岸の七ケ用水は，図-4の鶴来町に取水口を合口し，取水後に各用水路に配水した。宮竹

3

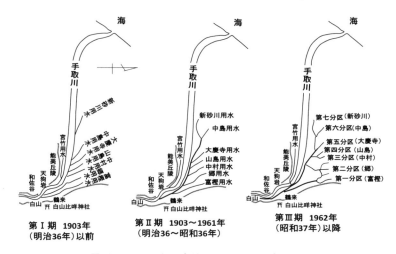

図-3　七ケ用水，宮竹用水取水口の変遷

用水も合口堰の下流に取水口を移した。1948年に手取川の伏流水取水の集水暗渠工事が行われたが，毎年のごとく旱魃であった。1961年は，早生品種の増加で，上・下流地帯が同時に農作業をするため，下流地帯で水不足が起きた。

(3) 第Ⅲ期：1962年以降　　毎年の水不足から農業優先ダムとして，**図-4**に示すように，総貯水量2,720万m³，灌漑貯水量1,650万m³の大日川ダムが1960年に着工した。ダム建設によって耕地面積による分水比を，3：1とした。1962年は，宮竹用水で深刻な水不足となり，水騒動が起きた。1967(昭和42)年には，大日川ダムが完成した。1968(昭和43)年からは，白山頭首工で両用水を合口取水して射流分水し，宮竹用水分は逆サイフォンを経て通水する今日の配水方式になった。

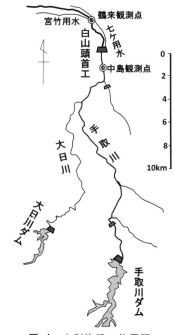

図-4　水利施設の位置図

4

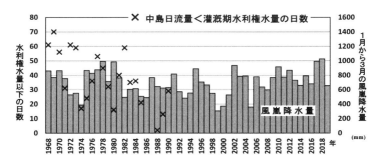

図-5　5月10日から8月末の中島日流量が灌漑期水利権量以下の日数と
風嵐の1〜3月降水量

(4)手取川ダムの建設　　　1980(昭和55)年3月には，**図-4**に示すロックフィル
の手取川ダムが稼働した。ダム流域は，貯水面積が約5km²，集水面積が428.4km²，
総貯水容量が23,100万m³である。

1.3　水利環境の改善効果の検証

1.3.1　水利権水量の充足状況

　農業用水は，**図-4**の白山頭首工で取水されるので，その直上流の中島観測地
点の流量が決め手になる。**表-1**に示す代掻き期の水利権水量70m³/sの充足度は，
1967年から2019年まで，通年は，水利権水量を超えているが，1979，1992，1997，
1998，1999，2001年では，数日が約60m³/sまでに低下した。そこで，灌漑期の水
利権水量42.98m³/sの充足度を調べた。灌漑期は，5月10日から8月末とし，各年
の中島日流量が水利権水量より少ない日数を集計した結果，**図-5**となった。1968
年から1979年までは，手取川ダムが未完であるため，7,8月に20日間以上の不足
日の続いた年が多く，大日川ダムだけでは不十分であった。1980年から1990年
の内，1981年8月に25m³/s程度が半月間，1982年7月も27m³/s程度が半月間続いた。
1983〜85年も夏に不足が継続し，1990年8月は35 m³/s程度が半月続いた。その後
は手取川ダムの貯水運用操作の改善等があって，2019年まで水利権水量以下に
はなっていない。

1.3.2　1969(昭和44)年の事例

　大日川ダムの完成後の1969年の風嵐の雨量と中島地点の流況を，**図-6**に示す。

5

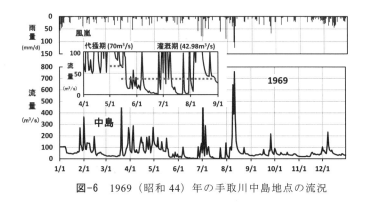

図-6　1969（昭和44）年の手取川中島地点の流況

風嵐の1～3月降水量が772.3mmと平均値より10%多いため，3月下旬から5月中旬までは，白山麓の融雪出水によって流出量が多くて変動も激しい。7月，8月に豪雨が降ると，流量が急増している。4月から8月末までの100m³/s以下のハイドログラフと代掻き期と灌漑期の水利権量の関係を，図-6の中図に示した。同図より5月下旬からで灌漑期水利権量42.98m³/sを下回り，6月中旬には，流量が5m³/s以下となった。

1.3.3　1977（昭和52）年の事例

　1974（昭和49）年以降，中島及び鶴来地点の流量が揃うので，1977年の事例を，図-7に示す。風嵐の1～3月降水量が878.5mmと平均値より25%多いので，代掻き期用水量は満たされているが，6月以降，鶴来の流量がゼロの日が続くことになっていることから，大日川ダムの効果は限定的である。

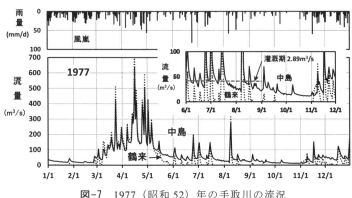

図-7　1977（昭和52）年の手取川の流況

6

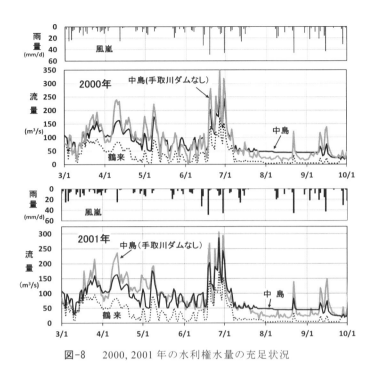

図-8　2000, 2001年の水利権水量の充足状況

1.3.4 手取川ダム効果

　1999年は，1〜3月の風嵐の降水量は306.5mmと少ないが，4, 5月に雨量があっ
た。ここでは，2000年，2001年を取り上げる。2000年，2001年の1〜3月の降水
量は，それぞれ371mm，527mmで，年雨量も1,738mm，1,656mmであり，いずれ
も平均値2,864 mmの40%減である。2001年の年雨量は，風嵐雨量の47年間で最
少，50〜70年に一度の少雨年である。図-8に流況を示す。手取川ダムなしの手
取川流出量は，ダム流入量にダム残流域流量（＝中島流量—ダム放流量）を加
えた値で，灰色線で示す。灰色線と中島の実線の差がダムに貯留され，渇水時
に放流される。図-8の2000年，2001年とも8月には黒色線のダム放流量と灰色線
の流入量の差が10〜30m³/sであり，この量がダム放流による効果量である。こ
のように，点線の鶴来でも流量が確保されているので，水不足は解消されてい
る。手取川ダムの建設によって，扇状地の利水安全度が向上し，十分な灌漑用
水が扇状地に供給されるとともに水質の安定にも寄与している。

7

1.4 現代の農業農村整備事業による水環境の変化

1.4.1 灌漑排水事業と農業集落排水事業の実施

　耕地の水利整備と圃場整備として，1951年から灌漑排水事業[2]が始まり，扇状地上流部の幹線用水路の改修が行われ，1981年までに中下流域の用排水路を全面改修した。曲がりくねった土水路を，例えば底幅1.8m，上幅3.8mのコンクリートブロック空石積とした。手取川扇状地の農業集落排水施設（**図-9**の下図の浄化センター，集落排水処理場）は，1986年～1996年までに24施設が供用され，白山市下水道施設は，1978年に1ヶ所，1985年～2003年に11ヶ所がすべて稼働した。

1.4.2 事業実施による扇状地の水環境の変化

　手取川ダム建設前，集落排水施設整備前として，1977年を対象にする。石川県衛生公害研究所[4]が5，6，7，9月に測定した各用排水路の全窒素の平均値を**図-9**上図の左図に，全リンの値がないのでリン酸態リンの平均値を**図-9**上図の右図に示す。一方，整備後として2008年4，6，7，9，11月，2009年6，8月の全窒素の平均値を**図-9**下図の左図，リン酸態リンを**図-9**下図の右図に示す。全窒素について事業前と事業後の比較をすると，元坎（もといり：河川に設置された開閉のできる水門）の用水の濃度は変わらないが，扇央部で0.7mg/Lが0.4mg/Lになり，扇端部の1.4mg/Lが0.5mg/Lに改善された。安産川では地下水が湧出しているため，0.75mg/Lと高い。特に，全窒素の成分であるアンモニア態窒素は，扇央部で0.24mg/Lが0.02mg/L以下になり，扇端部の0.4mg/Lが0.03mg/L以下である。リン酸態リン値についても事業前と事業後の比較をすると，元坎用水が9μg/Lが5μg/Lに，扇央部でも小さくなり，扇端部の70μg/L以上の所が50μg/L以下に改善された。これらより，**図-9**の全窒素及びリン酸態リンの低下は，手取川ダム建設による取水量の安定化と集落排水施設整備の成果[5]であり，扇状地の生活排水負荷ポテンシャルが1977年約425t/年から2009年約95t/年に減少している[6]ことを反映している。

1.4.3 全窒素と全リンの比及び水生生物

　1977年頃は，水路改修が半ばで集落排水が未整備なため，扇端部の土水路で

8

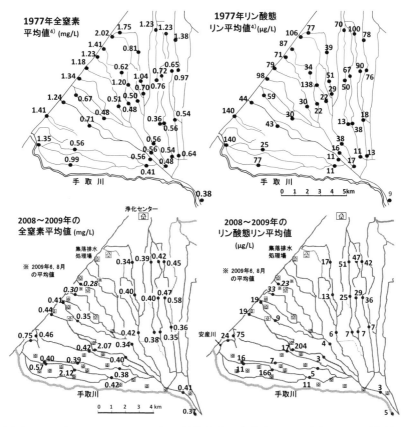

図-9　1977年及び2008〜2009年の用排水路の全窒素，リン酸態リンの平均値

は，窒素，リンの濃度が高く，水草が繁茂し，種々の魚が泳いでいた。2008年頃，元坆の全窒素（T-N）と全リン（T-P）の重量比は，58であるが，図-9の上・下図に示すように用排水路を流下するにつれて窒素，リンの濃度が増え，T-NとT-Pの重量比は，扇頂部で30〜40，扇央部で20〜30，扇端部で10〜20となる。5.3.2の図-6に示す手取川ダム湖におけるT-N/T-Pとクロロフィルaとの関係から，植物プランクトンの推定量は，扇端部＞扇央部＞扇頂部の順となり，コンクリート水路部もあるが，扇央部から下流側に水草が生え，魚も確認[7]できる。図-9から安産川周辺以外に，窒素濃度の急上昇域がないことから，手取川の右岸扇状地では，安産川周辺以外に地下水の自噴域はなく，地下水は，沿岸浅海域の海

9

底で湧出していると思われる。

1.5　良食味米指向による施肥の適正化

図-10に示すように，
化学肥料の施肥量[8]は，
元来の収量増を目的と
していた施肥基準から，
良食味への対応や環境
に配慮した施肥を重視
する施肥基準への転換
が進み始めた。2008年に
は肥料原料の輸入価格
が急騰したため，肥料費
の抑制や資源の有効利用
が大きな課題となった。
10a当たりの施肥量は，
2010年には，1980年台の
半分近くまで減少して
いる。表-2に，稲による化

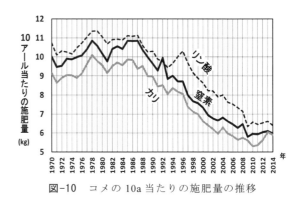

図-10　コメの10a当たりの施肥量の推移

表-2　稲の元素吸収量及び収穫物中の元素量

稲収穫量 5,960kg	化学施肥 量 kg/ha	吸収量 kg/ha	収穫物元 素量 kg/ha
窒素	80	111	69
リン	40	24	16
カリ	72	130	22

学肥料中の窒素，リン，カリの吸収量[9]などを示す。窒素は，施肥で80kg/haであ
るが，灌漑用水・雨等の窒素も加わって111kg/ha吸収するが，リンは，施肥40kg/ha
に対して24kg/haを吸収している。近年では，肥効が長期間持続可能な肥効調節
型肥料の技術が，側条施肥や育苗箱全量施肥に応用され，窒素の利用効率の向
上と施肥量の低減の切り札として普及が図られている。リンは，大半が土壌中
のアルミニウム，鉄，カルシウムと結合して難溶性・不溶性リン酸塩となり，
作物に利用されにくく，水田土壌では，長年の施肥により有効態リン酸及び交
換性カリウムが蓄積される傾向[10]にある。1999～2003年の土壌調査では，水田
土壌の有効態リン酸は乾土100g当たり20mgを超える地点が半数を超え，カリも
約3割近くが超過している。このため，地力増進基本指針を改正し，有効態リン

酸含有量について乾土100g当たり20mgを目途に不足分を施用することとしている。

あとがき

　1945 (昭和20) 年の石川県野々市市「富奥郷土史」[11] に，村の様子の記述がある。「春になると郷用水（4.の**図-1**）が停水となり，部落総人夫で大堰の修理を行うが，大堰の窪みに，ウグイ，フナ，コイ，ナマズ，川エビ，ウナギ，ゴリ，ドジョウなどが，バケツに二，三杯とれた。とれた魚を焼きながら飲む熱燗の人夫酒の味はたまらない。まさに農耕前の春の前奏曲である。田んぼにはタニシが繁殖して，小川にはドジョウ，フナなどがたくさんいた。なつかしい川の魚も，農薬が出はじめ，川の護岸と水洗トイレの出現ですっかり見られなくなった。」この村の風景は，1958 (昭和33) 年下水道法（新）制定以前のし尿の農地還元を行った下肥[12]利用の時代であった。

　1950 年以降，急増する人口の食料増産と農村の生活環境の改善が緊急課題であった。農業農村整備事業などによる水利環境の改善と集落排水処理が推進されて，第3，4，5 章の結果から，手取川扇状地の扇央・扇端部，庄川扇状地の扇央においても，水源河川に近い水質の灌漑用水が得られ，出穂頃に行う追肥の窒素抑制栽培により，低蛋白の良食味米生産が可能である。1980 年代からの生活排水・集落排水の整備事業が推進されて，扇状地の水質改善，さらに，水田土壌でのリン・カリの蓄積状況から施肥量の見直しが検討されているので，扇状地の排水河川への窒素・リン流下量の逓減が予想され，一昔前に感じられた川魚の影も消える。一方，瀬戸内海[13]では，1973 (昭和48) 年に瀬戸内海環境保全臨時措置法が制定され，海に流される窒素・リンの濃度規制がされた。排水処理技術の向上や下水道の普及によって海への窒素・リンの供給は減少したが，全国屈指の養殖ノリが色落ちしたため，2015 (平成27) 年には，改正瀬戸内法を成立させ，美しい海から「豊かで美しい海」へと政策転換された。このように，手取川扇状地においても，生活排水等の水質改善及び農地での施肥基準の適正化や耕作放棄などがさらに進められると，河川・水路等に流出する窒素・リンが減少して，水生生態系への影響が懸念される。花粉媒介昆虫などの生物・

11

生態系による生態系サービスの消失が危惧される。今後，「環境における豊かさ」の意義を研究・解明して理論構築し，その「豊かさ」を実現させる取り組みが必要であろう。

引 用 文 献

1) 安達　實，北浦　勝：手取川と七ケ用水，土木史研究，15，pp.381〜392 (1995)
2) 石川県：手取川扇状地の水争い，石川県土地改良史，pp.660〜678 (1986)
3) 小川弘司：白山の雪形，白山の自然誌29，石川県白山自然保護センター，pp1〜28 (2009)
4) 矢鋪満雄，桐元俊武，隅谷　護，角田豊磨，竹野裕治，酒井道則，西村康喜，石田喜朗，志茂たみ：水質汚濁気候に関する研究(第6報)，石川県衛生公害研究所報告15，pp.70〜89 (1978)
5) 早瀬吉雄：農業農村整備事業による手取川・庄川扇状地の水環境の変化，水土の知 85(4)，pp.51〜55 (2017)
6) 丸山利輔，高橋　強，能登史和：手取川扇状地における生活排水による窒素負荷ポテンシャルとその長期変動，農業用水を核とした健全な水循環，石川県立大学出版会，pp.109〜117 (2012)
7) 手取川七ケ用水土地改良区：地域用水機能増進事業 悠久の大地，パンフレット (2000)
8) 農林統計協会：ポケット肥料要覧，1970〜2014
9) 尾和尚人：我が国の農作物の養分収支. 環境保全型農業研究連絡会ニュース，33，pp.428〜445 (1966)
10) 新良力也：水稲作におけるリン酸減肥の基本方針，普及成果情報，中央農業総合研究センー，https://www.affrc.maff.go.jp/docs/new_technology_cultivar/2015/attach/pdf/list-1.pdf(参照：2020年4月5日)
11) 富奥農業協同組合：村の四季，富奥郷土史，ののいち地域辞典，（財）野々市市情報文化振興財団，http://tiikijiten.jp/~digibook/tomioku_kyoudo/ (参照：2020年4月5日)
12) 循環型社会の歴史：平成20年版環境・循環型社会白書，p.69，https://www.env.go.jp/policy/hakusyo/h20/pdf/full.pdf (参照：2020年4月5日)
13) 神戸新聞NEXT：瀬戸内海「きれい過ぎ」ダメ？「豊かな海」目指し水質管理に新基準 2019/12/8, https://www.naro.affrc.go.jp/project/results/laboratory/narc/2013/13_004.html (参照：2017年4月5日)

2. ユーラシア大陸の季節風と 日本の降水窒素沈着量

まえがき

　国境を越えた大気汚染問題の解決のため，1998年から東アジア酸性雨モニタリングネットワーク (EANET)[1]，欧州監視・評価プログラム (EMEP)[2]で降水中の大気汚染物質濃度の観測が始まった。化学天気予報モデルでは，日本の酸性沈着量に対する越境汚染の年間寄与率は，硝酸イオンで35〜60%[3]である。ここでは，全国酸性雨データベース[4]，EANET，EMEPで測定された降水，大気中の窒素濃度の月ごとの値を基に，発生域から窒素酸化物を，国境を越えて輸送しているアジア大陸の気候システムに着目して，飛行経由地や日本及び東南アジアにおける降水と大気の窒素濃度の季節変化及び地域的特性を検討[5]する。

2.1　世界の大気汚染の発生源域

　第二次世界大戦以降，世界は大規模工業化の時代に突入し，石油に換算したエネルギー消費量は，1965年の38億tから2013年には127億tに，48年間で3.3倍となった。特に，経済発展中のアジア大洋州地域での消費拡大が著し

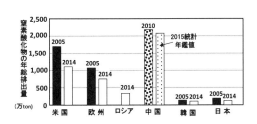

図-1　世界各地の窒素酸化物の総排出量

い。石炭・石油の燃焼によって大気中に硫黄酸化物，窒素酸化物が大規模・多量に排出されている。米国，欧州などの窒素酸化物の2005，2014年の総排出量

⁶⁾を，**図-1**に示す。中国は，発表年が異なるが，欧米よりも多い。

2.2 ユーラシア大陸の気候システム

2.2.1 大気の流れと冬季の気候[7]

　ユーラシア大陸の対流圏上空には，寒帯前線ジェット気流が常に蛇行しながら西方に流れ，**図-2**[8]の1月のように，地上では，強く冷却された空気が蓄積してシベリア高気圧が形成され，低温乾燥の北西季節風が東アジアに吹き出す。北西季節風は，対馬暖流の日本海から多量の水蒸気と潜熱をシベリア寒気団に供給して昇温・湿潤化させて雪雲を造り，日本海側の平野部や山岳地帯に豪雪を降らす。亜熱帯ジェット気流は，5月頃まで**図-3**に示すヒマヤラ・チベット山塊の南縁を流れて，日本上空で寒帯前線ジェット気流と合流する。このようにヒマヤラ・チベット山塊は，冬季における北極側の寒冷な空気と赤道側の温暖な空気の混合を阻む。6月になると，亜熱帯ジェット気流が熱力学的作用から山

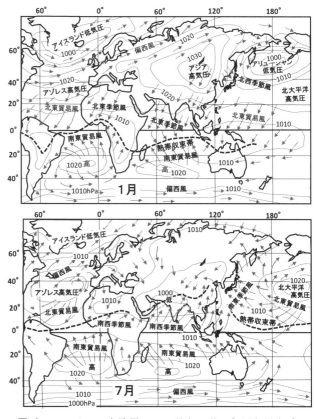

図-2　ユーラシア大陸周辺の1月と7月の気圧と風向 [8]

14

塊の北方に後退し，中国華南の対流圏上部に発散域，下層に低気圧を造る。この移動性低気圧が日本の近くを通り，雨を降らせる。

2.2.2 インド洋域の海陸分布と夏季の季節風[9]

　夏季，太平洋，大西洋には，赤道を境にして南北両半球にそれぞれ亜熱帯高圧帯が対称的に存在するが，インド洋海域は，北にアジア大陸，南にインド洋という非対称な海陸分布である。日射加熱でできるヒマヤラ・チベット山塊上空の広大な低気圧に，インド洋の亜熱帯高気圧から南西季節風が吹き込む形の南北循環ができる。この風は，海面から水蒸気を吸収し，山塊斜面を上昇する時に多量の雨を降らせ，東南アジアに雨季をもたらす。この時に放出される潜熱は，南北循環を一層強める。

2.2.3 日本の季節風と気候

　日本では，東南アジアから華南を経てくる南西季節風，オホーツク海高気圧から吹く北東季節風，北太平洋高気圧からの南東季節風が吹き，それらの境界域に梅雨前線が出来る。盛夏には，北太平洋高気圧を育成源とする高温多湿の南東季節風が吹く。秋期には，大陸の寒冷化が進み，北太平洋高気圧の衰退と南西・南東季節風の北縁が後退し，沿海州の寒冷前線が日本南岸に停滞する。

2.2.4 湿潤アジア[7]

　樺太の対岸からインドの北西隅を結ぶ**図-3**の破線の南東側が年雨量500mm以上[10]で，特に北緯40度以南が湿潤アジアである。

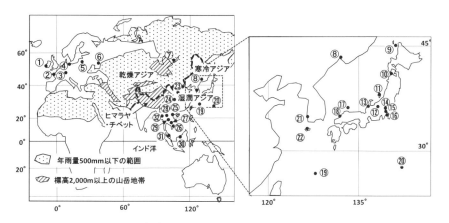

図-3　ユーラシア大陸及び日本域における降水窒素濃度の観測地点

2.3 ユーラシア大陸・日本の各地における窒素沈着量

2.3.1 降水窒素の観測地点

　上述のデータベースで観測値が全部揃うのは，2000年からであり，採用した降水窒素観測地点の位置を図-3に，2014年の月別の降水量及び硝酸態窒素とアンモニア態窒素から求めた月別窒素濃度，年間の窒素沈着量を後掲の表-1～3に示す。

2.3.2 流跡線解析法による移動軌跡の検討

　NOAAの流跡線解析[11]ソフトでは，画面に目標地点の緯度・経度，気流の高度，年月日時を入力すると，NOAAの気象データから大気中の粒子が風に流されて辿る移動軌跡を，飛来する後方流跡線か，飛び去る前方流跡線の指示した線が表示される。図-4～7では，冬季1月を2014年1月1日12時，夏季7月を2014年7月1日12時とし，追跡期間は10日，流跡線が上空1,500mの大気境界層に到達または出発の条件設定をした。図中の流跡線には，1月を黒線種，7月を灰色線種とし，矢印内に月名を記した。

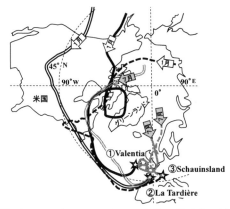

図-4　2014年1月，7月の西欧①～③地点の後方流跡線図

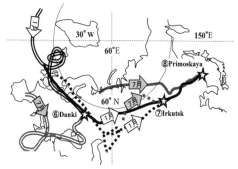

図-5　2014年1月，7月のロシア⑥～⑧地点の後方流跡線図

2.3.3 ユーラシア大陸の降水窒素濃度，年間湿性窒素沈着量

　表-1に示す①Valentia，②La Tardièreはユーラシア大陸の西海岸，⑦Irkutskは

16

中央部の東寄り，⑧Primorskayaは東海岸に位置する。**表-1**に示すように，冬季間の雨量は，内陸部で少なく，降水窒素濃度は，①Valentiaから④Neuglobsowで増えて，モスクワの南96km地点⑥Dankiから⑦Irkutskへと減少する。⑦Irkutsk，⑧Primorskayaは，**図-6**に示す。北京の流跡線には中国からの汚染が加わる時期がある。**図-4，5，7**より，それら各地点の1月の後方流跡線をつなぐと，北米・欧州からの気流がユーラシア大陸を横断して日本海に到着している。夏季の7月は，**図-2**より，ユーラシア大陸の風は，北大西洋や北極圏から吹き，**図-4**の7月の流跡線も北極圏からの流れを示している。さらに，**図-5**の7月も，欧州からユーラシア大陸を横断して日本海に到達している。夏季は，暖房需要がなく，大気汚染

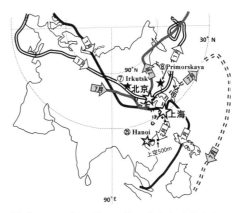

図-6　2014年1月，7月の北京と上海からの流跡線図

図-7　2014年1月，7月のユーラシア大陸の流跡線図

排出量が減少するので，降水窒素濃度は冬季より低く，大陸東端の⑧Primorskayaでは0.5mg/Lと，日本海側の地点の値に近い。

2.3.4　中国，韓国の降水窒素濃度と年間湿性窒素沈着量

　中国は，13.8億人の人口を抱え，世界の工場として化石燃料を大量消費し，**図-1**のように莫大な窒素酸化物を排出している。北京，上海の流跡線は，**図-6**である。**表-1**の㉓西安，㉔重慶，韓国㉑Imsil，**表-2**のベトナム㉕Hanoiでは，晴天の続く1,2月中の降水窒素濃度が極端に大きい。このため，中国の大気中に排出

17

される莫大な窒素酸化物は，大気の流れに乗って国内だけでなく，周辺諸国にも高濃度で湿性沈着している。乾季の晴天日には，大気からの乾性沈着量の多いことが予想される。

2.3.5 日本国内の観測地点の降水窒素濃度と年間湿性窒素沈着量

日本列島には，季節毎に吹く季節風が海上で吸収した水蒸気を運ぶことを2.2で述べた。日本各地の降水窒素濃度，年間湿性窒素沈着量を**表-1，2**に示す。

(1) 冬季 　　　図-6の北京，上海及び図-7の日本海に面する⑨利尻，⑪佐渡島関岬，⑲辺戸では，偏西風・北西風による欧州からの流跡線が確認される。さらに，**表-1，2**の⑨利尻，⑪佐渡島関岬に近い⑩竜飛，⑫八方，⑬金沢にも欧州からの流跡線が想定される。**図-6**の北京，上海からの前方流跡線が**表-1**の㉑Imsil，㉒済州を通過して日本に来ている。これらのことから，日本海側の地点には，欧州及び中国，韓国で排出された大気汚染物質が到着していることになり，年間の窒素沈着量が多くなっている。

(2) 夏季 　　　図-2に示す梅雨期から夏季には，2.3.3のように，インド洋から華南を経て来る南西季節風，北太平洋高気圧からの南東季節風が吹くが，インド洋・太平洋上には，大気汚染物質の発生源がないので，日本海側の各地点とも降水窒素濃度は冬季より低い。特に，南東季節風の卓越する期間では，**表-2**の⑲辺戸，⑳小笠原は，降水窒素濃度が低く，小笠原は極めて低い。

(3) 関東平野 　　　冬季，**表-1**の⑫八方が⑪佐渡島関岬より小さいことから，シベリア大陸からの汚染物質が越後山脈で降雪沈着して，**表-2**の⑭前橋は，⑪佐渡島関岬より小さい。夏季には，京浜，首都圏の大気汚染物質は，後述の6.3で検討するように，東京湾からの海風に乗り，山地域で地形性上昇気流によって降水沈着するため，⑭前橋は，⑮加須，⑯東京より高い濃度の月がある。

2.3.6 東南アジア観測地点の降水窒素濃度と年間湿性窒素沈着量

東南アジアでは，アジア大陸南部から北東季節風の吹く10～4月が乾季である。**図-6**の㉕Hanoiの上空500mには，2月22日に上海の前方流跡線が通過するほか，香港などからの流跡線が海岸沿いに到達する日もあることから，中国からの大気汚染が飛来している。一方，インド洋から南西季節風が多湿を運ぶ4～10月は雨季である。**表-3**の㉕Hanoi，㉖Can Tho，㉗Phnom Penh，㉙Pathumthani，㉜Yangonで雨量が多く，㉜Yangonは，インド洋に面して降水窒素濃度が低い。

㉘Chaing Mai は，半島内陸部で降水濃度が低いが，㉙Pathumthani は首都バンコク郊外で高い。赤道直下のカリマンタン島㉚Kuching は，熱帯雨林気候で，降水窒素濃度が小さいが，㉛Petaling Jaya は，クアラルンプールの首都圏で降水窒素濃度が高い。

2.4 東アジアの大気中の窒素濃度

2.4.1 大気中の窒素濃度データ[1]
　乾性沈着量は，計測した大気中の窒素濃度に，気象データの輸送因子（気温，湿度，風速，大気安定度など）と沈着表面の要素（表面粗度，土地利用形態，植物活性など）から求めた沈着速度を掛けた値[12]である。海外観測点の気象データがないので，大気中の窒素濃度の分布について検討する。中国以外の東アジアにおける大気中の粒子状物質のNO_3-N, NH_4-Nの窒素合計値及びガス状物質である硝酸ガスHNO_3-N，アンモニアガスNH_3-Nの窒素合計値から，2014年の月毎の平均窒素濃度は，**表-4**となる。

2.4.2 中国周辺国の大気中の窒素濃度
　2.3.4で検討したように，中国，韓国の冬季には，石炭などによる暖房需要が加わって大気汚染がより深刻になる。中国の大気濃度のデータはないので，周辺国の観測値から推測すると，中国の冬季は，降水量が少なく，降水窒素濃度と同様，大気窒素濃度も高濃度と思われる。**表-4**及び**図-6**から，12月～3月の大気中の窒素値の高い㉑Imsil，㉒済州は，自国の排出負荷だけでなく華北，華中の大都市域，㉕Hanoiは華南都市域の大気汚染の影響を受けている。4，5月も，降水窒素濃度と同様に，大気中の窒素濃度が高いことから，中国で排出された汚染物質が広域的に拡散していると思われる。

2.4.3 日本海側の大気中の窒素濃度
　2.3.3，2.3.5での検討から，欧州からの汚染物質が5月まで，⑧Primorskayaを通って北陸以北の日本海側に到達し，⑪佐渡島関岬以南の⑰隠岐，⑱蟠竜では，中国・韓国からの汚染も加わって，大気中の窒素濃度が高い。⑲辺戸では，春以降，東南アジアからの南西季節風と太平洋からの南東季節風によって，大気窒素濃度は高くない。

あとがき

　アジア大陸における気候システムの知見及び流跡線解析法を用いて，日本を中心に東アジアの降水及び大気の窒素濃度の季節変化と地域特性について検討した。その結果，日本には，冬季，偏西風と北西季節風によって北米，欧州，さらに中国，韓国からも窒素酸化物が飛来し，日本海側では降水と大気の窒素濃度が高く，年間窒素沈着量が多い。夏季には，インド洋からの南西季節風及び北太平洋高気圧による南東季節風などが日本や東南アジアに吹く。インド洋・太平洋上には，大気汚染物質の発生源はないので，日本や東南アジアでは，夏季の降水窒素濃度は，冬季よりも低い。

引　用　文　献

1) 東アジア大気汚染研究センター：http://www.eanet.asia/product/index.html#datarep (参照：2017 年 9 月 20 日)
2) The European Monitoring and Evaluation Programme (EMEP)：http://www.nilu.no/ projects/ccc/emepdata.html (参照：2017 年 9 月 1 日)
3) 環境省：酸性雨長期モニタリング報告書（平成 15〜19 年度）p.2 (2009) http://www.env.go.jp/air/acidrain/monitoring/rep1/full.pdf (参照：2018 年 3 月 20 日)
4) 地球環境研究センター：全国酸性雨データベース，http://db.cger.nies.go.jp/ dataset/acidrain/ja/05/data.html (参照：2017 年 9 月 1 日)
5) 早瀬吉雄：アジア大陸の気候システムと東アジアの降水窒素濃度，水土の知，87 (2), pp.21〜26 (2019)
6) 総務省統計局：世界の統計 2012，2017, http://www.stat.go.jp/data/sekai/pdf/ 2012al.pdf, /2017al.pdf (参照：2017 年 9 月 1 日)
7) 倉嶋　厚：モンスーン　―季節をはこぶ風―，河出書房新社，(1972)
8) 帝国書院編集部：新詳高等地図最新版，p.108 (2004)
9) 安成哲三：熱帯とモンスーン，高谷幸一編著，東南アジアの自然，講座東南アジア学 2，弘文堂，pp.51〜74 (1990)
10) 気象庁：降水量平年値の世界分布図,http://www.data.jma.go.jp/gmd/cpd/monitor/ climfig/?tm=normal&el=tn (参照：2017 年 9 月 1 日)
11) NOAA：HYSPLIT Trajectory Model, https://www.ready.noaa.gov/hypub-bin/ trajtype.pl?runtype=archive (参照：2017 年 9 月 20 日)
12) 野口　泉，山口高志，川村美穂，松本利恵，松田和秀：乾性沈着量評価のための沈着速度推計プログラムの更新，環境科学研究センター所報，1, pp.21〜31 (2011)

表-1 欧州・ロシア・日本における 2014 年の月雨量と
降水窒素濃度，年間窒素沈着量

国名 地点	アイルランド ①Valentia		フランス ②La Tardière		ドイツ ③ Schauinsland		ドイツ ④ Neuglobsow		ポーランド ⑤Diabla Gora		ロシア ⑥Danki	
緯度 経度 標高	51.94°N 10.24°W 11m		46.65°N 0.75°W 133m		47.91°N 7.91°E 1,205m		53.17°N 13.03°E 62m		54.15°N 22.07°E 157m		54.9°N 37.8°E 150m	
2014 年	月雨量 mm	窒素 mg/L	月雨量 mm	窒素 mg/L	月雨量 mm	窒素 mg/L	月雨量 mm	窒素 mg/L	月雨量 mm	窒素 mg/L	月雨量 mm	窒素 mg/L
1 月	414.6	0.08	177.3	0.24	112.6	0.32	33.7	0.62	50.1	0.45	34.7	0.72
2 月	410.2	0.07	189.9	0.21	115.5	0.31	21.0	1.27	10.0	1.20	22.5	0.94
3 月	178.8	0.10	55.7	0.39	39.0	0.95	11.3	2.99	45.3	1.17	26.3	0.76
4 月	113.9	0.18	64.8	0.60	98.2	1.09	55.2	2.05	22.0	1.83	10.5	2.11
5 月	148.6	0.25	115.8	0.44	147.3	0.79	49.0	1.27	49.5	0.98	31.8	0.67
6 月	79.7	0.13	59.1	1.47	60.4	0.78	88.3	0.80	54.6	0.51	84.5	0.48
7 月	107.6	0.25	135.1	0.59	331.9	0.65	92.4	1.10	45.4	0.55	17.7	0.48
8 月	98.7	0.07	151.8	0.25	135.6	0.57	93.8	0.96	81.5	0.99	57.8	0.82
9 月	36.6	0.90	11.4	0.67	76.5	0.65	54.6	1.00	10.6	1.84	23.4	0.61
10 月	277.6	0.10	93.3	0.31	103.3	0.57	67.7	0.65	18.7	0.78	34.5	1.03
11 月	303.2	0.05	123.6	0.18	107.6	0.18	7.4	1.05	18.1	1.10	10.8	1.15
12 月	164.2	0.09	52.5	1.31	137.1	0.37	60.1	0.69	55.8	0.44	52.9	0.59
年間 沈着量	2.7kg/ha/年		5.3kg/ha/年		8.5kg/ha/年		6.7kg/ha/年		3.9kg/ha/年		3.0kg/ha/年	

県名 地点	ロシア ⑦Irkutsk		ロシア ⑧ Priorskaya		北海道 ⑨利尻		青森県 ⑩竜飛		新潟県 ⑪佐渡島		長野県 ⑫八方	
緯度 経度 標高	52.23°N 104.25°E 500m		43.70°N 132.12°E 84m		45.12°N 141.21°E 40m		41.25°N 140.35°E 106m		38.25°N 138.40°E 136m		36.70°N 137.80°E 1,850m	
2014 年	月雨量 mm	窒素 mg/L	月雨量 mm	窒素 mg/L	月雨量 mm	窒素 mg/L	月雨量 mm	窒素 mg/L	月雨量 mm	窒素 mg/L	月雨量 mm	窒素 mg/L
1 月	22.9	0.61	3.9	0.96	60.5	0.64	68.5	1.52	56.2	1.56	120.5	0.51
2 月	1.9	1.25	5.4	1.10	33.3	0.68	38.4	0.65	52.7	0.97	47.5	0.21
3 月	11.0	0.88	5.8	1.42	8.1	2.34	80.0	1.52	116.2	1.04	209.7	0.51
4 月	11.7	1.04	13.9	1.32	10.6	1.10	9.6	1.47	31.5	2.33	69.7	0.53
5 月	35.1	0.69	105.4	0.82	88.9	1.00	83.4	1.09	59.9	0.35	145.5	0.35
6 月	72.9	0.28	46.6	0.56	134.1	0.04	112.7	0.51	77.6	0.21	197.0	0.49
7 月	77.1	0.36	88.8	0.41	49.3	0.42	165.2	1.12	306.1	0.26	317.8	0.21
8 月	97.7	0.33	44.1	0.56	235.5	0.11	293.9	0.20	84.2	0.43	292.5	0.13
9 月	24.6	0.30	136.3	0.69	184.2	0.19	99.4	0.26	130.8	0.08	224.5	0.11
10 月	9.6	1.69	75.2	0.63	64.0	0.29	88.8	0.27	214.7	0.25	224.5	0.11
11 月	2.9	2.46	96.6	0.87	46.5	0.59	93.0	0.54	132.5	0.48	283.0	0.09
12 月	20.6	1.11	20.9	0.85	118.1	0.22	61.1	0.57	146.8	0.87	432.5	0.05
年間 沈着量	2.0kg/ha/年		4.5kg/ha/年		3.4kg/ha/年		7.9kg/ha/年		7.4kg/ha/年		5.5kg/ha/年	

21

表-2　日本・韓国・中国における 2014 年の月雨量と降水窒素濃度，年間窒素沈着量

国名	石川県		群馬県		埼玉県		東京都		島根県		島根県	
地点	⑬金沢		⑭前橋		⑮加須		⑯東京		⑰隠岐		⑱蟠竜	
緯度	36.53°N		36.40°N		36.09°N		35.69°N		36.29°N		34.68°N	
経度	136.71°E		139.10°E		139.56°E		139.76°E		133.19°E		131.80°E	
標高	14m		120m		13m		26m		90m		53m	
2014 年	月雨量 mm	窒素 mg/L	月雨量 mm	窒素 mg/L	月雨量 mm	窒素 mg/L	月雨量 mm	窒素 mg/L	月雨量 mm	窒素 mg/L	月雨量 mm	窒素 mg/L
1 月	212.0	1.56	5.4	0.48	8.2	2.12	26.6	0.85	76.1	1.11	106.5	1.89
2 月	87.2	0.69	165.4	0.23	116.9	0.34	157.8	0.73	33.1	0.75	66.0	0.48
3 月	431.2	0.56	49.6	1.69	90.4	0.92	113.0	0.74	123.6	0.47	101.5	0.47
4 月	86.0	1.22	28.9	2.71	18.4	2.73	169.3	0.63	29.4	0.80	68.5	1.33
5 月	99.2	0.42	88.3	1.04	64.8	0.93	105.6	0.43	79.0	0.54	103.0	0.31
6 月	212.5	0.34	198.3	1.02	384.8	0.36	346.6	0.42	24.8	0.64	73.5	0.43
7 月	153.1	0.58	193.2	0.78	109.5	1.44	91.3	1.24	106.3	0.37	314.0	0.22
8 月	451.0	0.14	164.8	0.88	127.2	0.45	111.0	0.77	262.4	0.14	247.0	0.20
9 月	263.9	0.27	298.8	0.52	277.3	0.34	158.5	0.99	32.3	0.28	67.5	0.25
10 月	291.7	0.53	79.0	0.49	104.8	0.36	380.9	0.17	136.2	0.22	156.5	0.41
11 月	214.8	0.65	48.9	0.62	51.8	0.56	94.6	0.59	49.4	0.82	115.0	0.45
12 月	512.2	0.48	7.5	0.72	20.0	0.58	51.5	0.45	100.6	1.01	96.8	1.42
年間 沈着量	16.1kg/ ha/年		10.2kg/ ha/年		7.8kg/ha/年		10.2kg/ ha/年		5.1kg/ha/年		8.3kg/ha/年	

県名	沖縄県		東京都		韓　国		韓　国		中　国		中　国	
地点	⑲辺戸		⑳小笠原		㉑Imsil		㉒済州		㉓西安		㉔重慶	
緯度	26.89°N		27.09°N		35.6°N		33.3°N		34.23°N		29.62°N	
経度	128.25°E		142.22°E		127.18°E		126.17°E		108.95°E		106.5°E	
標高	60m		230m		205m		72m		400m		317m	
2014 年	月雨量 mm	窒素 mg/L	月雨量 mm	窒素 mg/L	月雨量 mm	窒素 mg/L	月雨量 mm	窒素 mg/L	月雨量 mm	窒素 mg/L	月雨量 mm	窒素 mg/L
1 月	42.2	1.28	97.0	0.18	8.5	11.0	29.5	1.72	0	—	9.1	27.0
2 月	145.0	0.19	87.0	0.13	1.1	6.05	74.7	0.81	13.4	16.2	14.3	14.2
3 月	151.1	0.49	25.7	0.70	94.5	1.52	108	0.66	24.3	7.20	186.8	2.34
4 月	54.0	0.44	63.4	0.59	65.5	1.01	68.5	0.65	72.9	5.57	111.7	3.23
5 月	430.5	0.24	286.4	0.10	36.5	1.04	184.8	0.54	60.1	1.59	132.9	3.03
6 月	356.6	0.14	187.4	0.07	50.5	1.18	74.0	0.16	42.4	4.71	219.7	2.70
7 月	494.9	0.12	29.3	0.09	193	0.51	245.7	0.33	48.4	2.24	113.5	1.43
8 月	131.7	0.16	33.3	0.05	381.5	0.27	228.8	0.61	153.3	2.91	220.3	1.58
9 月	164.5	0.10	146.2	0.04	108	1.00	81.5	0.98	178.8	2.91	239.0	0.99
10 月	305.0	0.13	155.8	0.03	85.5	0.47	35.2	0.94	9.1	8.38	80.7	2.69
11 月	84.0	0.19	266.4	0.05	47.5	1.90	47.0	0.70	19.8	4.63	72.5	3.02
12 月	82.5	0.12	154.6	0.05	28.5	3.41	17.6	1.33	0	—	16.4	9.11
年間 沈着量	4.9kg/ha/年		1.6kg/ha/年		9.4kg/ha/年		7.3kg/ha/年		23.4kg/ha/年		35.8kg/ha/年	

表-3 東南アジアにおける 2014 年の月雨量と降水の窒素濃度，年間窒素沈着量

国名	ベトナム		ベトナム		カンボジア		タ イ	
地点	㉕Hanoi		㉖Can Tho		㉗Phnom Penh		㉘Chiang Mai	
緯度	21.55°N		20.25°N		11.55°N		18.77°N	
経度	105.85°E		105.72°E		104.83°E		98.93°E	
標高	5m		155m		10m		350m	
2014年	月雨量 mm	窒素 mg/L	月雨量 mm	窒素 mg/L	月雨量 mm	窒素 mg/L	月雨量 mm	窒素 mg/L
1 月	4.1	4.69	0.0	—	86.3	0.35	0	—
2 月	14.0	12.15	0.0	—	0.0	—	0	—
3 月	61.7	4.10	0.0	—	2.8	0.76	1.4	3.97
4 月	132.3	2.74	62.8	0.31	145.3	0.58	37.8	2.95
5 月	146.6	2.15	198.4	0.37	34.1	0.54	180.2	0.52
6 月	211.5	1.29	201.3	0.36	212.8	0.37	99.5	0.28
7 月	402.5	0.98	423.4	0.39	300.4	0.25	147.7	0.21
8 月	273.7	0.56	172.3	0.38	33.5	0.44	61.0	0.27
9 月	251.6	0.54	57.0	0.30	343.5	0.28	0	—
10 月	116.5	0.91	625.0	0.37	120.1	0.26	0	—
11 月	38.9	2.17	94.6	0.44	256.8	0.16	0	—
12 月	7.2	3.34	5.6	0.39	25.5	0.53	0	—
年間沈着量	22.9kg/ha/年		6.9kg/ha/年		4.9kg/ha/年		2.9kg/ha/年	
国名	タ イ		マレーシア		マレーシア		ミャンマー	
地点	㉙Pathumthani		㉚Kuching		㉛Petaling Jaya		㉜Yangon	
緯度	14.03°N		1.49°N		3.1°N		16.50°N	
経度	100.77°E		110.35°E		101.65°E		96.12°E	
標高	2m		20m		46m		22m	
2014年	月雨量 mm	窒素 mg/L	月雨量 mm	窒素 mg/L	月雨量 mm	窒素 mg/L	月雨量 mm	窒素 mg/L
1 月	0	—	424.6	0.06	220.8	0.57	0.0	—
2 月	0	—	219.2	<0.05	66.4	3.66	0.0	—
3 月	3.2	1.62	148.8	0.19	151.2	1.52	0.0	—
4 月	26.5	1.33	349.2	0.67	572.2	0.67	0.0	—
5 月	60.8	0.99	287.0	0.18	383.8	0.81	284.4	0.38
6 月	215.7	0.57	227.0	0.28	36.0	1.10	595.9	0.20
7 月	86.8	0.87	127.2	<0.02	38.6	1.86	697.3	0.20
8 月	56.9	0.64	577.4	0.15	220.0	0.96	637.2	0.21
9 月	331.6	0.74	258.5	0.23	282.6	1.05	179.1	0.44
10 月	225.6	0.49	275.8	0.31	713.2	0.90	227.6	0.55
11 月	39.1	0.91	293.0	0.21	511.4	0.57	226.5	0.26
12 月	12.4	1.33	468.0	0.09	512.0	0.86	24.1	3.98
年間沈着量	7.4kg/ha/年		7.5kg/ha/年		32.9kg/ha/年		8.6kg/ha/年	

表-4 東アジアにおける大気中の粒子状物質 NO₃-N, NH₄-N 及びガス状物質
HNO₃-N, NH₃-N の 2014 年の月毎の平均窒素濃度

国名	ロシア		新潟県		島根県		島根県	
地点	⑧Primorskaya		⑪佐渡島関岬		⑰隠岐		⑱蟠竜	
2014年	粒子 μg/L	ガス μg/L	粒子 μg/L	ガス μg/L	粒子 μg/L	ガス μg/L	粒子 μg/L	ガス μg/L
1 月	0.87	0.15	0.53	<0.07	1.22	<0.13	1.37	0.25
2 月	2.07	0.31	0.56	<0.07	1.52	<0.13	1.02	<0.23
3 月	2.69	0.83	1.15	0.43	2.21	0.23	2.07	0.41
4 月	1.34	2.10	1.11	0.72	2.03	0.54	2.13	0.84
5 月	0.96	1.59	1.43	1.05	1.72	0.85	1.99	0.81
6 月	0.45	0.59	0.75	0.69	1.61	0.35	1.73	0.53
7 月	0.42	0.49	0.98	0.66	0.86	0.54	1.07	0.76
8 月	0.52	0.83	0.35	0.59	0.69	0.41	0.75	0.46
9 月	0.42	<0.65	0.52	0.36	0.75	<0.18	0.71	0.34
10 月	0.61	0.55	0.38	<0.23	0.57	<0.28	0.64	0.23
11 月	0.71	<0.39	0.45	<0.23	0.89	0.18	1.06	0.25
12 月	0.80	<0.08	0.21	<0.07	0.69	<0.07	1.06	<0.07

国名	韓 国		韓 国		沖縄県		ベトナム	
地点	㉑Imsil		㉒済州		⑲辺戸		㉕Hanoi	
2014年	粒子 μg/L	ガス μg/L	粒子 μg/L	ガス μg/L	粒子 μg/L	ガス μg/L	粒子 μg/L	ガス μg/L
1 月	6.38	2.52	8.95	5.76	1.08	0.52	7.85	0.96
2 月	5.94	2.68	2.39	3.05	0.64	<0.18	4.59	0.93
3 月	4.28	4.22	2.28	4.45	1.06	0.49	2.09	0.72
4 月	2.73	4.05	3.83	7.30	1.47	0.75	2.85	1.01
5 月	3.90	5.02	1.81	4.91	0.99	0.86	1.92	1.06
6 月	2.50	5.11	2.97	4.20	0.68	0.72	1.88	1.02
7 月	1.16	2.49	0.80	2.36	0.25	<0.70	1.14	0.77
8 月	0.94	4.03	1.21	3.08	0.30	<0.55	1.34	0.79
9 月	1.19	3.54	1.70	5.19	0.63	0.55	1.26	0.87
10 月	1.10	3.02	1.49	2.23	0.88	<0.65	3.97	1.19
11 月	1.88	2.49	1.42	2.86	0.94	<0.44	3.55	1.04
12 月	3.24	1.61	1.87	2.09	1.19	0.39	5.89	1.28

3. 手取川上流域における 水質動態の解明

まえがき

　戦後，頭首工の合口，ダム建設，水利施設整備によって水利環境の改善が図られた手取川上流域を対象に，窒素・リン循環の視点から流域の水循環・水環境の健全性について検討[1]する。自然界におけるリンは，地殻を構成する岩石や土壌を出発点として雨水や流水中に溶解又は懸濁し，河川水中に移動する。

3.1　手取川流域の概要

　図-1 に示す手取川は，その源を標高 2,702m の白山頂を発し，尾添川，大日川などの支流を受けて流れ，幹川流路長が 72km，平均河床勾配が 1/27，流域面積が 809km² の大河川である。扇状地は，鶴来(標高 80m)を扇頂として平均勾配が 1/155，面積約 170km² で，旧河

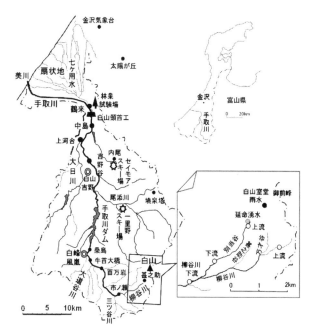

図-1　手取川流域と白山山頂渓谷の河川図

25

道を利用した七つの用水路が放射状に並ぶ。七ヶ用水の灌漑面積は 4,935ha である。鶴来より上流を上中流域とし，456ha[2)]の棚田がある。

3.2　手取川流域の積雪・融雪期の水質動態[3)]

3.2.1　白山麓の積雪層の形質

　図-1 の一里野スキー場（1,045m）とセイモアスキー場（1,030m）の山頂で，2012 年 2 月 20,21 日及び 3 月 15,16 日に積雪層を 10cm 毎に採取した。目視による雪質，雪密度，雪の窒素成分・リンの分析結果を，図-2,3 及び表-1,2 に示す。なお，2 月 20 日〜3 月 16 日の降水量は，図-1 に示す内尾(標高 457m)では 151mm，墳泉塔(1,110m)で 263mm である。この間，一里野とセイモアにも多量の降雪があった。金沢太陽が丘の降水の無機態窒素は，2 月が 0.77mg/L，3 月が 0.80 g/L である。表-1,2 の 2 月 20,21 日の全積雪層の各数値は，ほぼ同じである。3 月 15,16 日の積雪深は，一里野で 225cm，セイモアで 310cm，2 月 20,21 日

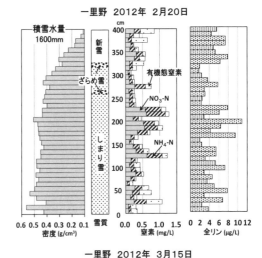

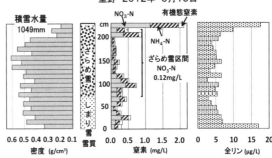

図-2　2012 年 2，3 月の一里野スキー場の積雪層
の形質，窒素，全リン

26

表-1 一里野（1,045m）の積雪の水質

2012年 月/日	積雪水量 mm	積雪高 cm	雪 質	雪密度 g/cm³	NO_3-N mg/L	NH_4-N mg/L	Org.N mg/L	全リン μg/L
2 / 20	1,600	0〜400	全積雪	0.40	0.23	0.18	0.13	4.8
3 /15	1,049	0〜225	全積雪	0.47	0.16	0.13	0.05	5.9
		70〜200	ざらめ雪	0.51	0.12	0.11	0.04	5.3
		0〜70	しまり雪	0.45	0.17	0.11	0.07	7.1

の400cmよりも低いことから，堆積した乾き雪が暖かくなるにつれてしまり雪へ，さらにざらめ雪へと雪質変化が進み，表-1, 2のように全積雪の雪密度が大きくなった。3月15, 16日における全積雪に占めるざらめ雪の割合は，一里野で68%,セイモアで44%である。両地点ともざらめ雪区間の窒素の各成分は,表層の新雪や2月20, 21日に比べて少ないため,融解凍結の過程で下層のしまり雪を通過して流出したと考えられる。3月15, 16日の積雪水量は，一里野では1,049mm,セイモアでは1,338mmと,白山麓には，3月中旬でも豊富な水量が貯留されている。

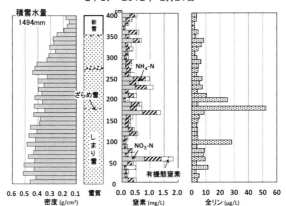

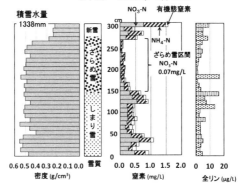

図-3 2012年2, 3月のセイモアスキー場の積雪層の形質，窒素，全リン

27

表-2　セイモア(1,030m)の積雪の水質

2012 年 月/日	積雪水量 mm	積雪高 cm	雪 質	雪密度 g/cm^3	NO$_3$-N mg/L	NH$_4$-N mg/L	Org.N mg/L	全リン μg/L
2 / 21	1,494	400	全積雪	0.37	0.21	0.17	0.11	7.8
3 / 16	1,338	0〜310	全積雪	0.46	0.21	0.18	0.06	5.1
		140〜270	ざらめ	0.49	0.07	0.10	0.03	5.3
		0〜140	しまり	0.50	0.30	0.21	0.08	5.0

セイモアの 2 月 21 日の積雪 180cm にあるざらめ雪の全リンが高いが，理由は
不明である。全積雪層の全リン濃度は，5μg/L である。

3.2.2 手取川ダム湖による融雪の酸性化の緩和

　手取川ダム湖における定点垂直水質調査[4]は，3 月〜12 月に月 1 回で，1, 2
月は表層である。例年のダム湖では，冬季になると温度躍層が解消して，12 月
は水温約 10℃，無機態窒素 0.3mg/L 弱と深さ方向にほぼ一様になる。貯水量
は，例年，12 月の 1 億 m^3 から 4 月にかけて放流により水位を約 30m 下げ，4
千万 m^3 位にする。平成 18 年豪雪といわれた 2006 年の雪は，図-4 に示すよう
に，白峰風嵐(標高 510m)では積雪 3m を超え，白山吉野(標高 136m)の積雪記
録から 60 年確率に
相当する。

　2005 年 11 月〜
2006 年 5 月までの
ダム湖の貯留量，
流入量，放流量の
推移，垂直水質調
査日を図-5 の左図
に，2005 年 12 月
〜2006 年 7 月まで
のダム湖における
無機態窒素濃度の
鉛直分布を右図に
示す。2005 年は，
貯水量を 12 月初

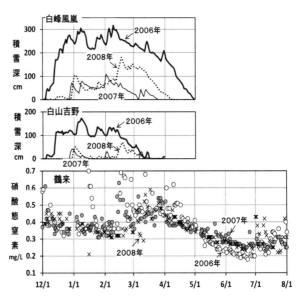

図-4　2006〜2008 年の鶴来における NO$_3$-N の観測値

28

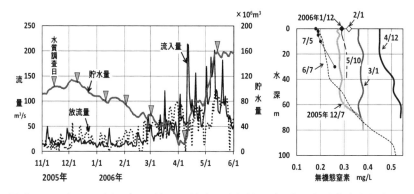

図-5 2006年の手取川ダムの流入・放流・貯水量とダム湖の無機態窒素鉛直分布

めの 1.1 億 m³ から 2006 年 4 月に 4,200 万 m³ に減らした。ダム流入量は，2 月下旬から増え始め，気温上昇の変化に応じて流入量が大きく変動している。前年秋から貯められたダム湖水の無機態窒素濃度は，2005 年 12 月 0.28mg/L，2006 年 1，2 月約 0.3 mg/L であるので，この水がダム放流されると，ダム下流域での新雪による高濃度流出水を希釈する。12 月下旬以降，ダム湖の上・

中流域から，高濃度水がダム湖に流入して，次第に湖水の窒素濃度が上昇し，3 月に 0.37mg/L，4 月に上層 0.45mg/L，中層 0.51mg/L，底層 0.55mg/L になっている。その後，ダム湖の上・中流域からのざらめ雪の低濃度融雪水の流入に伴って，5 月には 0.30mg/L，7 月に中層が

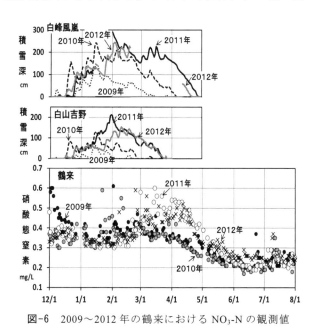

図-6 2009〜2012 年の鶴来における NO₃-N の観測値

29

0.19mg/L に希釈され，濃度が低下する。ダム湖水への高濃度水の流入期間を1月1日から4月30日までとすると，ダムの総流入量は，4.47億 m³ である。手取川ダムは，融雪出水量を調節するだけでなく，山地からの融雪初期における acid shock を緩和している。

3.2.3 積雪量の多寡による河川窒素濃度の逓減

　2006〜2012 年の降雪融雪期における鶴来の NO₃-N の観測値[5]及び白峰風嵐，白山吉野の積雪深[6]を**図-4**と**図-6**に示した。両図から積雪量は，2006 年＞2011 年＞2012 年＞2010 年＞2008 年＞2009 年＞2007 年の順となる。大陸から飛来の大気汚染物質量が不変とすると，積雪量の多寡は，冬季間の窒素沈着量の多寡となる。積雪量，気温など気象条件の時空間的推移によって，融雪出水の水量，水質が変わるが，大まかに，**図-4**，**6** より 3〜4 月に起こる NO₃-N のピーク値は，積雪量の大きい年順で大きく，生起時期も同順で遅く，5 月以降の濃度逓減も積雪量の大きい年順で低くなる。

3.3　白山山麓域の水質形成機構

3.3.1　白山室堂の降水

　2010，11 年に白山の登山愛好家の協力を得て，白山室堂 2,450m 地点の降水及び付近の渓流水を採水し，分析した。採水日の日雨量及び降水の窒素成分と全リンは，**図-7** となった。8月14日の降水は，**図-8** の後方流

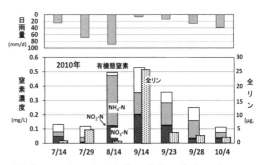

図-7 2010 年の白山室堂の降水の窒素・リン

跡線解析図[7]が示すように，上海上空から対流圏下層を飛来して白山に到達するため，窒素 0.5mg/L と高い。9 月 13 日は，東北の日本海上の前線と低気圧による大気の渦が発生し，翌日早朝に，その渦から白山に向かう流れに，日本海上の汚染が運ばれて濃度が高くなった。北京上空の対流圏上層から降下してくる

9 月 28 日, 10 月 4 日は, 小さくなる。2011 年の結果は, **図-9** であり, 2010 年の例と同様に, 白山室堂では, 大陸の汚染源から飛来した 7 月 30 日, 8 月 16 日には, 高くなる。

図-8 白山山頂に至る後方流跡線図

3.3.2 山麓の地質と植生

中・上流部域の基盤は, 片麻岩, 大理石などの飛騨変成岩である。この上に第三紀手取層群の礫岩, 砂岩, 泥岩等の中生代地層が約 1,000m の厚さで堆積し, 白山山頂付近では, 第四紀の角閃石安山岩から成る新旧白山火山噴出物が堆積している。白山の植生は, 標高250m 以下では照葉樹林帯, 250〜500m が暖温帯落葉広葉樹林帯, 500m 〜

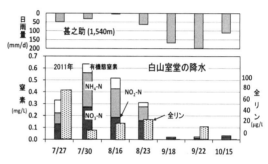

図-9 2011 年の白山室堂の降水の窒素・リン

1,500m がブナ帯, 1,500m〜2,300m が亜高山針葉樹林帯, 2,300m 以上は高山帯となり, 植生密度が標高の上昇に伴って乏しくなる。

3.3.3 森林表層土壌での水質の形成機構

両白山地の森林表層土壌での水質の形成機構[8]は, 以下のようである。①生物化学的反応:土壌中の窒素固定細菌が, 大気中の窒素をアンモニアに変換固定する。土壌有機物や土壌に加わる落枝落葉等の有機物は, 土壌微生物の分解作用を経て無機化され, アンモニアとなり, さらに土中の好気的条件下で硝酸化成菌の作用で酸化され, 亜硝酸を経て硝酸に変わり, NO_3^-などが流出する。この硝酸化成作用に伴って発生する H^+ が土壌粒子に吸着・保持されていた Ca^{2+} と Mg^{2+} を溶脱することになる。②地球化学的反応:生物の呼吸による CO_2 が水に溶解, 解離してできた H^+ は, 基岩鉱物である斜長石の構造を破壊して, SiO_2 や Na^+, Ca^{2+} 等のカチオンを溶出させ, 風化を促進させる。リンも岩石の風化によ

って供給される。すなわち生物化学的反応によって生成された CO_2 や酸性物質は地球化学的風化を促進し，地球化学的風化過程において溶出してきたカチオンは植物の栄養分として供給されて，生態系内部循環を発達させるというように，これら 2 つの要因は互いに影響を及ぼしあいながら変化していく。森林流域において，各種多様な水文過程を通過する水は，各過程においてこうした化学的要素の影響を受けて水質を形成している。

3.4 白山山頂付近の水質

図-1 に山頂付近の別当谷，柳谷川の採水地点，延命水の湧き水地点を示す。山頂付近は，ハイマツ群，雪田草原等の高山植物帯であり，森林土壌層が貧弱である。山岳地帯であるため，白山の登山愛好家に依頼し，雨水の採水後の晴天日に，渓流水を採水した。山頂域の 7〜10 月の観測値を表-3 に示す。山頂の延命水という湧水は，真水に近い。別当谷，柳谷川の上流端では，いずれも雨水より小さい。雨水中の NH_4-N は土壌層中に吸着され，渓流水は，NO_3-N が主となる。斜面を浸透流下するに伴って森林域から NO_3-N が流出しているため，いずれの渓流も下流が高くなっている。図-7, 9 に示す雨水の窒素，リンは，山地斜面の植生・土壌などに吸収・固定化されて，渓流水は低濃度になる。

表-3 2010 年の白山山頂域河川の全窒素(mg/L)，全リン(μg/L)濃度

採水地点		延命水湧水	万才谷	別当谷上流	別当谷下流	柳谷川上流	柳谷川下流
月/日	標高	2,275m	2,085m	2,220m	1,490m	2,065m	1,200m
7/19	T-N	0.040	0.072	0.075	0.139	0.138	0.272
	T-P	1	5	7	2	1	3
8/23,27	T-N	0.024	0.06	0.066	0.086	0.292	0.661
	T-P	0	1	4	3	2	8
9/26	T-N	0.027	0.064	0.072	0.152	0.127	0.293
	T-P	1	2	4	2	1	4
10/8	T-N	0.021	0.29	0.067	0.123	0.163	0.157
	T-P	2	6	4	2	1	1
10/14	T-N		0.086		0.17	0.327	0.272
	T-P		1		1	2	1

3.5 手取川上流域における流出水の全窒素，全リン濃度

3.5.1 上流域各河川の全窒素，全リン濃度

1. の図-1 に示す上流域の牛首大橋，大道谷川，赤谷川，大嵐谷などにおける 2005～2016 年までの全窒素・全リンの測定値[6]を，図-10 に示す。雨量記録と見比べて，晴天続きか，小雨時の測定値は，全窒素が 0.30mg/L 以下，全リンが 10μg/L 以下である。流域内の地形標高などによって樹種や土壌層の腐植度などが異なるが，低水流況時には，溶存態物質の流出であるため，流域間で大きな差はない。5.3.2(2)のダム湖で述べる 2013 年 7 月 24 日の観測日は，風嵐雨量で 5～12 時に 55mm，牛首大橋での採水時の中島流量は，同年の日流量順位で 10 位に相当する 258m³/s であるので，洪水流況時の採水測定であったといえる。山地斜面の粒子態の窒素・リンが掃流されて流出し，特に全リンは急増している。

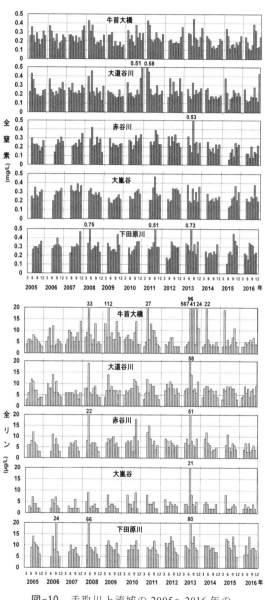

図-10　手取川上流域の 2005～2016 年の各河川における全窒素，全リン

33

3.5.2 上流域からの無機態窒素の季節変動

　上流域出口の鶴来にある手取川水道事務所[5]では，勤務日毎に水質を分析している。少雪年に当たる 2009 年の無機態窒素濃度，風嵐地点の雨量，積雪深，中島基準点流量を図-11 に示す。同事務所で

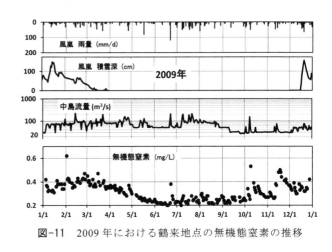

図-11　2009 年における鶴来地点の無機態窒素の推移

は，リン濃度が 10μg/L 以上を記録するため，リンの詳細は分からない。積雪の融雪初期には，窒素の高濃度水が集中的に流出して，2 月末に無機態窒素がピークとなる。その後，低濃度のざらめ雪の雪解け域が山裾，山腹，山頂へと移動し，6 月末まで濃度が低下する。その間，雷雨，長雨によって河川流量は増え，土壌窒素が掃流され，河水濃度は，高い状態で推移する。

3.5.3 手取川流域の流下に伴う全窒素の空間的な変動

　大日川ダム流域以外の全域を，晴天の続いた2008年11月13日，2009年6月4日に採水・分析した結果の全窒素，全リンを図-12に示す。両日の流況は，同図に示す手取川ダム流入量で比べると，11月13日は42.8m³/sで豊水量，6月4日は29.8m³/sで平水量に近い値である。手取川ダム湖内は，同図に示した日の値である。大日川ダム流域は，同年12月8日，6月8日に採水日である。同図より，山岳上流から流下するにつれて，各支川の森林城からの負荷流出を受けて少しずつ増加している。図-10の各支川からの数値とも見比べると，山地斜面の汚染物質が融雪出水によって掃流され，5,6月の値が低いことが確認できる。また，6～8月の晴天日に，上中流域河川の窒素濃度が低いことは，盛夏にかけて森林の養分吸収の高まりを示している。上中流域河川全体が低濃度であるので，図-12に示す鶴来でも低濃度である。なお，2009年8月20日の値は，5.4の図-8に示す。

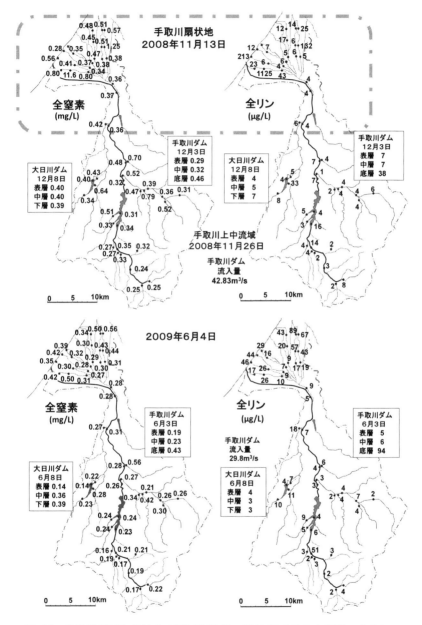

図-12　手取川流域における 2008 年 11 月，2009 年 6 月の全窒素，全リン

3.6　手取川上流域から流出する各種イオンの季節変動

3.6.1　2006年の観測事例

手取川水道事務所[5]による勤務日ごとの水質分析結果から，豪雪年の2006年における主要な水質の推移を図-13に示す。中島流量で7月19日2時2,212m³/sは，1993〜2019年で最大である。山地斜面での水質動態には，3.3.3での化学的反応のほか，地形や水文・気象条件などの要因が関与している。特に，秋以降，北西の季節風が吹くと，海塩性の各種イオンが白山麓にも飛来・沈着する。これらが，雪解けとともに白山麓から流出するため，図-13に示すように，秋〜春に増加し，2006年では，1〜2月に各イオンとも高い値を示している。6月下旬の梅雨期には，土壌中のAlが流出して濁度も高いが，Na⁺，Ca²⁺，SO₄²⁻の濃度は，特に変わらないものの，流量が多いので流出負荷量

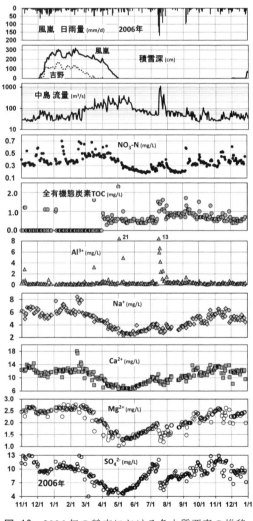

図-13　2006年の鶴来における各水質要素の推移

36

は多い。

3.6.2 2011年高水期の観測事例

　図-14 に示した 2011 年 4 月 20 日から 9 月 1 日までの観測事例では，日雨量が 60mm を越える日が 10 日もある。中島地点流量が 100m³/s を超え，濁度，Al の金属イオン，TOC の値が跳ね上がる。洪水によって森林土壌層の有機物と金属イオンが掃流されている。一方，Na⁺，Ca²⁺，Mg²⁺ も洪水で大量に流出して山地域の蓄積量が減少するが，その後の海から吹く風によって供給されて回復し，次の洪水時には流出負荷量が多くなる。

　このように，手取川上流域の森林土壌層では，生物化学的反応と地球化学的反応による水質形成が営まれ，流出した栄養塩類は，下流域及び海域の生態系を支えることになる。

3.7　森林域の健全性

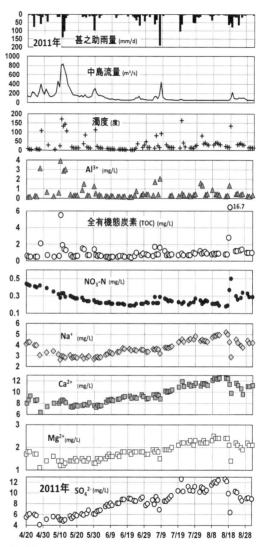

図-14　2011 年 4 月 20 日から 9 月 1 日までの
観測事例

3.7.1 手取川流域おける降水の平均窒素濃度の推定

降水中の無機態窒素を対象にする。降水中の NH_4-N は，殆どが土壌に吸着され，植物を経て，NO_3-N となって流出する。石川県の酸性雨観測所は，金沢市太陽が丘のみで，白山麓での標高と窒素濃度の関係は不明である。富山県環境科学センターの観測資料[9]から，立山(1,180m)と射水(20m)における 2003 年～2011 年まで，無機態窒素の月間降水濃度と月間降水負荷量を整理[1]した。8 年間の雨量重み月平均値から求めた標高～濃度回帰式を，手取川流域の高度分布に適用して流域平均窒素濃度を求めると，0.40mg/L となる。

3.7.2 森林の窒素吸収量

森林の窒素吸収量計算には，年間の流域面積雨量が必要であるが，降水観測地点が乏しく冬季欠測のため，中島基準点の流出高に流域蒸発の年推定量 650mm を加えた値を流域年雨量とし，これに前項の

表-4 手取川流域の NO_3-N 年収支(kg/ha/年)

中島・鶴来地点	流出観測値		立山回帰式平均濃度 0.40mg/L	
	流出高 mm	NO_3-N 負荷量	降水沈着量	流域窒素固定量
2006 年	4,004	14.6	18.6	4.0
2007 年	2,647	9.7	13.2	3.5
2008 年	2,575	9.4	12.9	3.5
2009 年	2,818	8.8	13.9	5.1

平均窒素濃度をかけて年降水窒素負荷量を求めた。手取川上中流域における 2006～09 年の NO_3-N の年間収支量は，表-4 となった。降水負荷量と流出負荷量の差である流域固定量，つまり森林流域の NO_3-N 吸収量は，3.5～5.1kg/ha/y となった。滋賀県の森林，若女，染ヶ谷，竜王山の窒素吸収量[10]は，それぞれ 3.4，3.4，5.1kg/ha/y である。手取川では，中島の流出高つまり降水量が多いため，滋賀の試験地に比べて窒素循環量が多いが，流域固定量はほぼ同じ値である。手取川の森林域は，窒素制限にある。

あとがき

手取川流域を対象に，窒素循環の視点から流域の水循環の健全性について検討した。手取川流域は，白山の山岳域を源流に，多降雪・多雨で，緑豊かな森林域を有しているため，森林流域の窒素吸収量が 3.5～5.1kg/ha/y で，森林は窒

素制限にある。降雪の少ない利根川流域[11]に比べ，健全な水循環にある。

引 用 文 献

1) 早瀬吉雄：窒素循環から見た手取川流域の水循環の健全性について，水土の知，84 (8)，pp.27〜30 (2014)
2) 早瀬吉雄：手取川流域における自然資源の機能評価と環境の変化，水土の知，82 (10) pp.7〜10 (2014)
3) 早瀬吉雄：手取川流域の融雪水による河水窒素濃度の逓減，水土の知，84 (4)，pp.25〜28 (2016)
4) 石川県企業局：水質試験年報　平成16〜22年度 (2009〜2012)
5) 石川県手取川水道事務所：毎日水質検査結果月間報告書(未公表) (2008〜2011)
6) 国土交通省：水文水質データベース, http://www1.river.go.jp/ (参照：2018年9月15日)
7) NOAA：HYSPLIT Trajectory Model, https://www.ready.noaa.gov/hypub- bin/trajtype.pl?runtype=archive (参照：2018年9月10日)
8) 浅野友子，大手信人，小橋澄治：森林の成立過程における水質形成機構の変化: 植生の発達段階の異なる流域における水質・水文観測，京都大学農学部演習林報告 68 pp.25〜42 (1996)
9) 富山県環境科学センター：大気環境調査. 富山環境科学センター年報 39; pp.33〜34 (2012).
10) 堤　利夫：森林の物質循環，東大出版会；p.55 (1987)
11) 早瀬吉雄：利根川上流域における大気からの窒素沈着と河川の窒素濃度，水土の知，86 (4)，pp.29〜32 (2018)

4. 手取川扇状地水田域の 水質動態の解明

まえがき

　手取川扇状地は，**図-1**に示すように，石川県最大の河川「手取川」が生みだした広大な平野で，扇頂の鶴来町獅子吼高原からは，水面に光輝く扇型の水田地帯を一望することができる。山島用水の位置する扇央部以西では，**図-1**の薄く色塗りした箇所が旧河道跡[1]であり，幾度もの流路変遷が確認できる。手取川扇状地の左岸地域と右岸地域の扇央稜線より東側の水田の開発は，中世までにほぼ完了したが，扇央稜線と現在の手取川本流の間の地域では，加賀藩の支配下で水田化が進んだ。手取川右岸に七ケ用水，左岸に宮竹用水の8つの用水路が，

扇の骨のように張り巡らされている。手取川扇状地の農業水利の空間構造の特徴は，①降水量の多い集水地域である手取川を用水源としていること，②集水地域に多くの降水が積雪として貯えられること，③配水に効率的な典型的な扇状地形が発達していること，④行政や水力発電会社による用水路・取水堰，貯水ダムなどの活発な水利事業が進められたことによって支えられてい

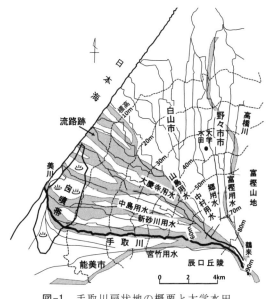

図-1　手取川扇状地の概要と大学水田

ることが挙げられる。また，扇端部には，自噴帯がある。ここでは，手取川流域での水循環に伴う扇状地の水質動態を検討[2]した。

4.1　降水の窒素・リン

　環境省の酸性雨調査では,降水によるリンの測定は除外されている。このため，窒素・リンの濃度測定を2008年に，降水を採水・分析した。その結果を**図-2**に示す。全窒素は 1.0mg/L 以下の日が多く，全リンは

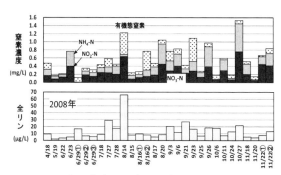

図-2　金沢市内での降水の窒素・全リンの測定値

10μg/L 以下で，T-N/T-P の重量比は 100 である。金沢への大気汚染の流れを，NOAA　後方流跡線解析で検証すると，全窒素の高い 8 月 14 日は，数日前の関西地方から北東方向に進み金沢に到着，10 月 27 日は中国大陸から北西の風で飛来している。

4.2　扇状地の地下地質と表土層

　扇状地の地下地質[3]は，手取川が運搬した厚さ100m内外の砂礫層によって形成され，上から①完新世扇状地性砂礫層のAGf層（層厚20〜30m）で，表層部の不飽和帯水層を形成し，②更新世扇状地性砂礫層のDGf層で，上部の粘土分の少ない第一帯水層（層厚20〜50m）と下部の粘土質の所が多い第二帯水層（層厚20〜40m），③更新世中期〜前期の地層DT層の3層に大別される。扇央部東側の大学のある末松（**図-10**）では，1.5mが表土，20mまでが巨礫を含む砂礫層，60mまでが砂礫，77mまでが粘土を若干含む砂礫層，90mまでが砂礫層，100mまでが礫混じり硬結性砂であり，自由地下水面は地表面下30mである。**図-3**に，手取川の

河道跡及び表土層の厚さ[4]を示す。扇央部線から手取川との間で河道が激しく移動したため，表土層厚さ30cm以下が手取川の両岸に広く分布し，60cm以下の所が多い。逆に，扇央部線から野々市市側では，90cmを超える所が多い。なお，表土層の厚さが，リンの挙動に大きく関係する。水田の土壌環境は，湛水期には作土・スキ床層が還元層，その下から地下水

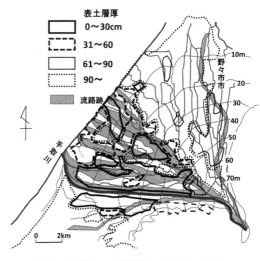

図-3 扇状地の河道跡と表土層の厚さ

面までの砂礫層が酸化層，地下水面下が還元層になる。砂礫層の気相は大気と繋がっているので開放浸透となる。秋・冬期は，全層が酸化層になる。

4.3 水田の鉛直浸透水

4.3.1 稲作の水管理マニュアル

JA稲作マニュアル[5]の水管理は，図-4に示すように，基肥を4月下旬に全層施肥，5月田植：やや深水から軽く田干し，6月上旬：間断排水，6月中旬：中干しから間断灌漑，8月：間断通水，9月：落水となる。このことから，水

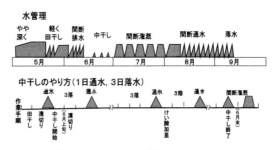

図-4 JA による水管理マニュアル

田の掛け流しは少なく，無降雨時には水田欠口からの落水は少ない。七ヶ用水

42

の期別水利権水量は，鶴来の白山頭首工から3月20日〜9月30日までは30m³/s，代掻き期は42.6m³/s，非灌漑期の9月11日〜翌3月19日は13.9 m³/sが流入する。

4.3.2 水田の地下浸透水の水質の形成機構

　イネの生育に必要な窒素源は，アンモニアであり，野菜類は硝酸である。土壌中の好気的条件下ではアンモニアが亜硝酸菌により亜硝酸に，さらに硝酸菌により硝酸になる。湛水田のように嫌気的条件下では，通性嫌気性菌がNO_3^-をNO_2^-に還元し，さらに脱窒菌によりNO_2^-をN_2OまたはN_2に還元されて脱窒現象が起きる。一方，硝酸は微生物に取り込まれて有機化される。アンモニア・硝酸の一部は，土壌中を降下浸透する水に溶けて流出する。農地でも硝酸化成作用に伴ってCa^{2+}とMg^{2+}が容脱し，さらに，土壌の酸性が強いと，土壌からAlとFeの陽イオンが溶脱してリン酸陰イオンと結合し，リン酸アルミニウム，リン酸第二鉄，Ca^{2+}もリン酸三カルシウムの難溶性の化合物となり，植物に吸収されないリン酸固定が起きる。

4.3.3 大学農場の4号水田8aでの測定

　野々市市にある大学農場の4号水田8aで，2008年に観測し検討した。基肥(30 kg/10a，N，P，Kの重量%は10，25，16)を4月14日に投入，代掻きを4月18日，コシヒカリの田植えを4月24日，中干は6月6日に開始し，追肥にケイ酸カリ(40kg/10a)を6月25日に，穂肥(20kg/10a，N，P，Kの重量%は15，5，10)を7月18，25日の2回施肥した。水田は，砂礫層の上に1mを超える耕作土の乗った状態で，減水深が5月中旬に15mm/d，7月に47mm/dであり，無降雨時の落水はない。水田の用水路水，田面水及び田面下0.4m，0.8m地点の土壌水をポーラスカップで吸引して採取した水の分析結果を図-5に示す。田植え直後は，田面下のT-N値が高いが，日の経過とともに減少する。水田の鉛直浸透による窒素成分の動態変化を図-6に示す。この水田の末端用水路には，用排兼用のため上流側水田の落水も流入するが，T-Nが0.4mg/L前後で推移しているので，上流水田の田植えに伴う落水も大きくない。図-6に示すように田面水中の窒素分，リン分は，細菌，緑藻，藍藻，珪藻が活発に増殖して有機物を生産，これらが後々に地力窒素となる。灌漑水などの有機態窒素分は土壌微生物によって再度無機化される。施肥されたNH_4-Nは土壌に吸着され，降下浸透するのはNO_3-Nとなる。水溶性の有機態窒素が土層深く移動し，深層での微生物活動のエネルギー源となる。作

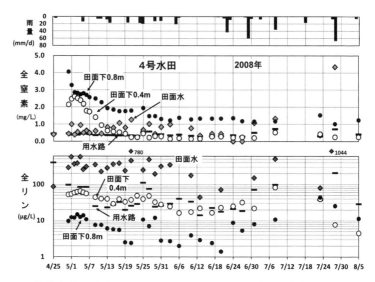

図-5 大学4号水田における2008年の地下浸透水の全窒素, 全リン

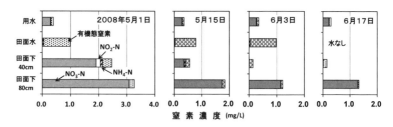

図-6 大学4号水田での鉛直浸透流れに伴う窒素動態

土層下の40cm地点のT-Nは, 基肥によって5月20日までは潅漑用水より高いが, その後は, 還元層であるため, **図-6**の6月3日の例に示すように, 脱窒菌によって脱窒されてNO_3-Nが消滅し, 有機態窒素だけとなる。6月6日の中干し以降は, 間断排水, 間断潅漑が行われたため, 湛水状況にはなく, 田面下の浸透水が採取できず, 8月上旬以降, 採水を中止した。80cm地点のT-Nは, 8月には1mg/Lに減少するが, 40cm地点より濃度が高いのは, 次のように考えられる。80cm地点は, **4.3.2.**で述べた土層環境から不飽和で好気的条件下にあるため, **図-6**に示すように, 上層より流下した有機態窒素分をエネルギー源として, 土壌微生物が, 上層から流れてきた易分解性有機物を分解してNO_3-Nに変えた。この硝

44

酸化成作用は，易分解性有機物がなくなるまで継続し，NO₃-N濃度が上昇することになる。さらに，浸透水は，地下30mの地下水帯上の飽和帯の嫌気条件下で一部が脱窒されることも考えられる。このような過程から地下水の窒素分は，NO₃-Nだけになる。一方，リンの動態を見ると，5月初期の灌漑水は，100μg/Lを超え，田面水は施肥が加わって300μg/Lに増えている。地下に浸透するにつれて，リンの大部分は，土壌中のFe，Al，Caと反応して固定化されるため，深くなるほど濃度が桁違いに小さく，地下0.8mでは10μg/L以下になっている。

4.3.4 大学農場の5号水田31.5aでの測定

(1)浸透に伴う水質動態 2009年3月，写真-1に示すように，5号水田の田面下1mに長さ25mの暗渠管を埋設して鉛直浸透水を採水し，田面下32cm，90cm，144cmにポーラスカップを埋設して土壌水を吸引できるようにし，4月20日から観測を始めた。2010年3月末日までの全窒素，全リンの推移を図-7に示す。基肥(30kg/10a, N, P, Kの重量%：10, 25,16)，穂肥(20kg/10a, N, P, Kの重量%：15, 5, 10)の施肥を2回など，農作業と日付は同図中に記入した。田植えの5月21日から穂肥投入前の7月22日までは，田面下32cm(白丸)地点では2.20→0.43mg/L，90cm(黒丸)地点では1.10→0.42mg/L，144cm地点では0.30→0.12mg/Lの間で推移し，暗渠水(三角)のT-Nは0.51→0.99→0.32mg/Lであった。この間，主な窒素動態が変化した様子を図-8に示す。同図の **a.**図では，田植え直後，NH₄-N，NO₃-Nが地中深く浸透し，有機態窒素が激増している。32cm地点では，無機態窒素が6月になると稲に吸収されて大きく減少，7月には有機態

写真-1 ポーラスカップと暗渠の埋設

45

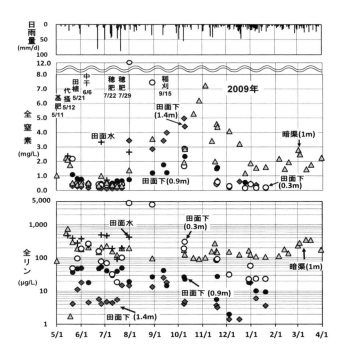

図-7 大学5号水田における2009年の地下浸透水の全窒素，全リン

窒素だけになる。90cm地点では，中干し以降，上層で無機化されたNO_3-N が浸透し，7月には32cm地点より増加している。暗渠流出水は，90cm地点より小さい。暗渠水に流出するNH_4-N は 0.02 mg/L と少ない。144cm（菱形）地点では各窒素成分とも上層より少ない。このように**図-7**，8 から湛水期間中，地下への浸透水は 0.5mg/L 程度である。中干し後の間断灌漑によって，亀裂が連結して水道が暗渠につながる。7月29日の穂肥により7月31日には，32cm地点で 12mg/L を超える。**図-8a.** の田植え直後の5月21日では，施肥中のアンモニア態窒素分が保持されているが，1ヶ月後，2ヶ月後の穂肥投入前7月22日には，アンモニア態窒素は微量となっている。**図-8b., c.** は，大雨後の様子を示す。10月8日は，明け方の豪雨に伴って，土壌中の窒素が高濃度になるが，ほとんどが硝酸態窒素分である。また，11月4日に T-N 7.2mg/L であった暗渠水は，11月14日から秋雨によって，19日には T-N 4.4mg/L に低下した。1〜3月は降雪と雪解け水や地下水流によって，春には，T-N 1.5mg/L まで低下する。**図-7** の

下図に示す全リンの挙動を検討する。基肥, 穂肥後の田面水の全リンは, 後掲の 5.3.1 の図-5 に示すように, 湛水期間中, 100μg/L を超えている。地中のデータでは, 田面下が深くなるとともに全リン値は, 減少しているが, 田面下 1m の暗渠水は, 100μg/L を超えている。写真-1 のポーラスカップを埋設した地点は, 管を田圃に差し込んだだけで, 土壌層の乱れが少ないが, 暗渠は, 掘削等を行って埋設したため,

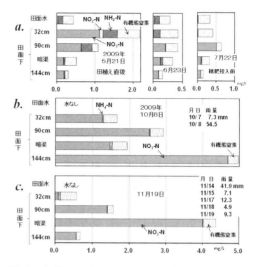

図-8　大学 5 号水田における浸透水の窒素動態

その後に, マクロポアの水道が形成された可能性があるが, 後掲の図-9 に示すように, 設置 1 年半後の 2011 年 3 月でも設置当初と濃度が同じレベルにある。リンの大部分は, 図-5 の 4 号水田と同様の挙動を示し, 浸透する途中でリン酸固定され, 深くなるほど濃度が桁違いに小さくなる。

　2010, 2011 年も観測を継続したが, 2009 年と同様の状況が繰り返され, 暗渠流出水の濃度は, 図-9 に示すように, 翌年 4 月には前年の値に戻る。

(2)水田耕起による浸透水質の変化　　2010 年 4 月 12 日, 雨の中, 耕起を行った。耕起による水田浸透水の水質変化は, 図-9 の田面下 1m の暗渠水が示すように, 全窒素, 全リンは, それぞれ 3 月 30 日 2.3mg/L, 174μg/L, 4 月 9 日 1.8mg/L, 189μg/L であったが, 耕起後の 4 月 15 日は 1.1mg/L, 304μg/L であった。水田では, 融雪による湛水によって, 土壌が還元状態となってリン酸固定が還元され, リン酸が再び可給態となる。このため, 耕起によって, 土壌中のリンが撹拌して流出し, 全リンが増えた。水田では, 湛水で還元状態になると, 可給態リン酸の量は畑状態よりも約 1.6〜6.5 倍増加[6]する。5.5.3 の庄川扇状地の排水河川でも, 水田耕起による全リンの増加が確認された。

(3)水稲の窒素吸収量　　2009 年 4 月 20 日から 9 月 1 日まで 133 日間の 1ha

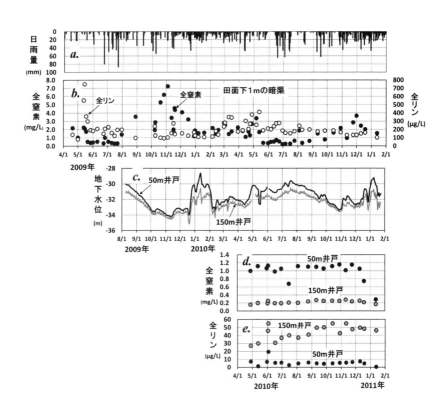

図-9 2009〜2010 年末の大学 5 号水田の暗渠水及び地下水の全窒素，全リン

当たりの窒素収支を検討する。①降水の窒素負荷は，雨量 812mm，**4.1** の**図-2**に示す 2008 年全窒素から 0.65mg/L とすると，4.8kg/ha，②施肥量は，基肥，穂肥で計 90kg/ha，③用水窒素は，間断灌漑操作を加味して日用水量 20mm/d を 123日，用水の全窒素 0.35mg/L で 8.6kg/ha，④2014 年度の乾性沈着量[7]2.87kg/ha から 133 日間分を案分すると，1.05kg/ha，⑤日減水深 15mm/d で地下浸透水の濃度を**図-9** の暗渠の 0.6mg/L とすると，11.9kg/ha となり，これらより水稲の窒素吸収量は，92.5kg/ha となり，西尾[8]の施肥窒素 90kg/ha に対する地上部の稲の窒素吸収量 96kg/ha に近い。

4.4　大学構内の井戸水

48

大学構内に深さ 50m と 150m の井戸を設置した。大学の標高は，40.5m であるので，150m 井戸の底は，海面下 109.5m となる。図-9 に，*a.* 日雨量，*b.* 田面下 1m の暗渠，*c.* 50m と 150m 井戸の水位，*d.* 50m と 150m 井戸の全窒素，*e.* 50m と 150m 井戸の全リンを並べて示す。例年 4 月 12 日頃に耕起，5 月 10 日頃に代掻きを行うため，水田土層中の窒素・リンも撹拌されて，固定化されたリンも流出し，図 *b.* の暗渠では，高濃度となる。50m，150m 井戸の水位は，晩秋の雷雨と冬の降雪によって，2010 年 1 月中旬に-29m に上昇し，4 月中旬以降の灌漑用水の取水に伴って 7 月中旬に-30m に上昇する。一方，田面下 1m の暗渠の T-N は，地下水位の上昇・流入水量の増加に合わせて濃度が低下するが，全リンは，灌漑取水の開始・施肥に伴って増加するものの，ほぼ 100～200μg/L の間で変動している。両者には異なった変動様式が伺える。図-9*d.* の 50m 井戸の全窒素では，2010 年 12 月以降，融雪地下水によって濃度が低下し，図-9*e.* の全リンも微減する。一方，150m 井戸の全窒素の変動は少ないようであるが，全リンは，春先に 30μg/L で，その後は 50μg/L で推移している。50m 井戸と 150m 井戸では，地下水の流れ構造が異なるようである。なお，5.4.1(4) で再吟味している。

4.5　七ケ用水と扇状地地下水

4.5.1 七ケ用水の全窒素，全リン濃度

　図-10に示す七ヶ用水路の各支線水路の番号地点で採水した。2008年4～11月までの窒素成分と全リンの値を図-11に示す。集落排水施設の処理水が流入する新砂川，大慶寺用水では，その排水地点で採水すると濃度が高いが，下流側では希釈されて低下する。集落排水施設の少ない山島用水路では，上下流の濃度変化が小さい。

図-10　七ケ用水受益地の水路系

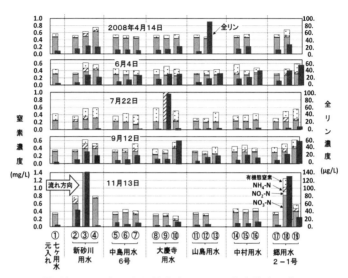

図-11 2008 年の七ケ用水路における窒素濃度と全リン

野々市市を流れる郷用水の下流域には市街地が広がり，下流ほど高くなる。11
月の中流地点の市内で高濃度排水の流入があったが，下流では希釈されている。

4.5.2 扇状地地下水の全窒素，全リン濃度

　扇状地の地下水は，灌漑用水と降水の水田による地下水涵養，手取川からの
伏流水によって保全されている。2009年11月に採水分析した扇状地地下水の
NO₃-Nを図-12に示す。図-3に示した河道跡と表土層厚さを見比べると，①で囲

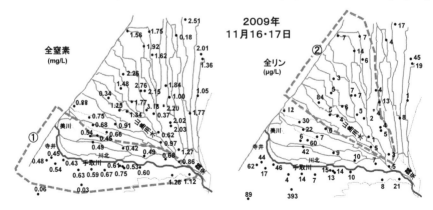

図-12　扇状地地下水の全窒素，全リン

まれた領域は，表土層厚さが30cm以下の旧河道跡であり，手取川からの伏流水が地下水層に流入しているため，全窒素濃度が低い一方で，表土層が薄くてリン酸固定化が弱いため，地下水の全リンが若干高い。②の領域は，手取川の伏流水の侵入もなく，表土層が90cm以上と厚いため，全窒素が高く，リン酸固定の影響を受けて全リンが小さい。2010年6月2,3日の地下水測定値は，5.4.1の図-9に示す。

4.5.3 融雪地下水の全窒素，全リン

2008 年冬に，地下 100〜200m の地下水で融雪する金沢市の融雪装置の水を採水・分析をした結果は，図-13 である。全リン値は，40〜80µg/L であり，4.4 で検討した大学150m 井戸と同じレベルである。従って，このレベルの数値が，白山麓からの深層地下水流の全リン値である可能性が高い。

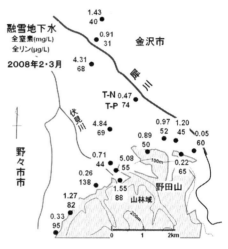

図-13　融雪地下水の全窒素，全リン

4.6　手取川扇状地の水質評価

4.6.1 扇状地の水質評価

2008 年 11 月 13 日及び 2009 年 6 月 4 日における手取川扇状地全体の全窒素，全リンの流れを，前掲の 3.5.3 の図-12 に，後掲の 5.4.1 の図-8 に 8 月 20 日を示した。上述の指摘と同様，扇頂部から扇端部に流下に伴って微増している。偶然，農村集落排水を採水すると，値は高い。利根川上流域の前橋地点では，常に全窒素濃度 1mg/L を超え，6.2 の図-2 に示すように，利根大堰では夏季で 2mg/L 以上，冬季には 3mg/L を越える[9]という。一方，手取川流域は，3.5.3 の図-12 の鶴来地点では 0.4mg/L 以下であり，農業用水の水質基準の T-N 1.0mg/L 以下に合致している。低蛋白の良食味米生産には，登熟期に窒素抑制をするため，低窒素濃度の灌漑用水が必要であり，手取川の河水は最適である。全リン

は，上流域でほぼ 10μg/L 以下であり，扇状地の大部分は，20μg/L 以下である。

4.6.2 扇状地の地下水硬度

手取川の河水には，3.6に示した図-13，14の濃度のCa²⁺，Mg²⁺が含まれ，その硬度は，30〜40である。鶴来の合口取水堰で取水され，七ケ用水を通じて扇状地の水田に灌漑されると，水田土壌層による生物化学的反応と地球化学的反応よってCa²⁺，Mg²⁺が付加され，硬度が高くなる。農村工学研究所[10]が2008年8月に手取川扇状地の地下水を採水・分析した結果は，図-14，15である。図-14に示すように，扇央部に位置する山島用水路周辺の硬度が100を超えていることから，扇央部が地下水面の稜線に相当し，水田を降下浸透して土壌層のCa²⁺，Mg²⁺を溶出し，周辺の低位部に流出する源流部となっている。図-15から，手取川上流からの硬度30以下の河水が，扇状地の地下水では40〜130に増えている。

2008年8月18〜22日

図-14　手取川扇状地の地下水硬度（農工研：土原[10]）

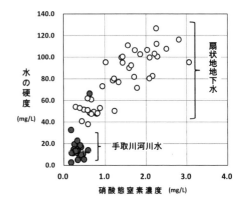

図-15　手取川河川水と扇状地地下水の硬度（農工研：土原[10]）

52

あとがき

　手取川流域は，白山の山岳域を源流に，多降雪・多雨で，緑豊かな森林域を有しているため，扇状地の灌漑用水は，元圦で窒素濃度 0.3mg/L と低く，良食味米の生産に最適であり，扇状地地下水は，NO_3-N が 1.5mg/L 以下，硬度が約 100 の水で，飲み水に適し，上工水として利用される一方，扇端部の湧水域にはトミヨの生息域が形成されている。

引 用 文 献

1) 佐藤俊朗，中村好男，前松　伸:手取川扇状地の土地改良事業と農業用水(Ⅱ)，水利科学，27(2)，pp.76〜105 (1983)
2) 早瀬吉雄:窒素循環から見た手取川流域の水循環の健全性について，水土の知，84 (8)，pp.27〜30 (2016)
3) 奥山武彦:手取川扇状地の水理地質構造の解明，農業用水を核とした健全な水循環，石川県立大学出版会，pp.137〜144 (2012)
4) 手取川七ケ用水土地改良区:手取川七ケ用水誌(上)，pp.8〜20 (1982)
5) 白山石川営農推進協議会:2008 営農のてびき，JA ののいち，pp.1〜68 (2007)
6) BSI 生物科学研究所:「化学肥料に関する知識」No. 19 土壌のりん酸固定とその対策,http://bsikagaku.jp/f-knowledge/knowledge19.pdf (参照:2017 年 4 月 5 日)
7) 全国環境研協議会:第 5 次酸性雨全国調査報告書（平成 26 年度），全国環境研会誌，41 (3)，p.30 (2016)
8) 西尾道徳:農業生産環境調査にみる我が国の窒素施用実態の解析，土肥誌，72，pp.513〜521 (2001)
9) 早瀬吉雄:利根川上流域における大気からの窒素沈着と河川の窒素濃度，水土の知，86 (4)，pp.29〜32 (2018)
10) 地球温暖化対策研究チーム:手取川扇状地の地下水流動機構の解明，農村工学研究所，pp.1〜82 (2009)

5. 水循環・水環境・生態系を支える水土里資源のエビデンス

まえがき

　山岳から海域に至る流域では，地表水・地下水の水循環でもたらされる水と窒素・リンの栄養塩は，様々な生態系を養い，人類生存の基盤となっている。窒素・リンは，施肥や有機物の無機化で生じ，山地域の土壌中の造岩鉱物や生物体に由来するほか，大気汚染降下物でもある。ここでは，窒素・リンと水生生物との関係を調べ，滋賀県の醒ヶ井，石川県の手取川流域，富山県の庄川流域を対象に，水生生態系の生息圏の形成に資する扇状地の地形地質・水循環の構造を検討することにより，広大な水田域の営農活動を行う地域農民，農業の水利施設とその管理を担う土地改良区などの水土里資源組織などが，毎年，各々の活動を継続することによって，流域の水生生態系の活動が支えられていることを，地表・地下水の窒素・リンの挙動から検証[1]する。

5.1　滋賀県の醒ヶ井地蔵川

　滋賀県醒ヶ井にある中山道の地蔵川[2]は，居醒の清水の湧き水が流れる川で，昔から清流に咲くバイカモとトミヨで有名な観光名所である。図-1に示すように，地蔵川は，源流から下流に，水温が11〜12℃で，全窒素は1.36mg/L，全リンは25μg/Lとほぼ一定である。山の麓の湧水である西行水は，全窒素1.51mg/Lと高い。丹生川流域では，下流支川の湧水池の天神水の全窒素は1.40mg/Lで，死水域にアオミドロが繁茂し，上流域の山裾の岩清水の全窒素は0.34mg/Lである。このように，斜面の浅層湧水の全窒素は低く，深層の地下水は高濃度である。丹生川は，上流域から1.54mg/Lの水が流れるため，下丹生では，地元民

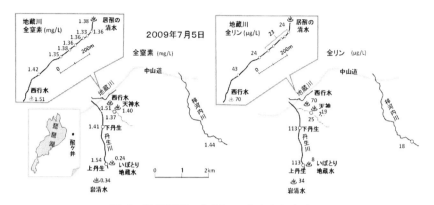

図-1　滋賀県醒ヶ井周辺の全窒素と全リン

による石積の落差工の上流にバイカモの群落が形成され，花が咲き乱れている。この群落では，バイカモに全窒素 1.41mg/L，全リン 113μg/L，T-N/T-P の重量比が 12.4 の養分供給がされている。

5.2　手取川，庄川流域とその扇状地

5.2.1　水田面積の減少と施肥の適正化

石川県の手取川扇状地の水田面積は，1975年8,669haから2009年5,038haの41.9%減少，富山県の庄川扇状地の水田面積は，市町界で集計すると1975年の244.7km²から2014 年 に は 205.4km² の16.1%減少した。全国的

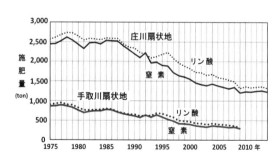

図-2　手取川・庄川扇状地の施肥量の推移

に稲の倒伏防止と良食味米指向から10a当たりの施肥基準の窒素量（1.5 図-10）は，1975年10.0kgから2014年6.0kgに減少，リン酸も同傾向[3]にある。対象流域内の水田面積に全国の各年平均施肥量を掛けて求めた総量の推移は，図-2となる。施肥総量は，水田面積と単位施肥量の減少が相乗して半減している。

図-3　手取川扇状地の地形と自噴域

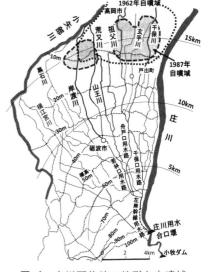

図-4　庄川扇状地の地形と自噴域

5.2.2 扇状地形と自噴域

　手取川，庄川の扇状地[2]地形と自噴域を図-3,4に示す。両図には，扇頂にある合口取水堰からの距離を示す。手取川扇状地は扇長 15km，勾配 1/127〜1/181，自噴域は 12〜13km 以遠にある。庄川扇状地では，扇頂の 1/150 から 12km 地点で 1/330 の緩勾配に変り，12.7km を超える所から自噴域で，16km で自然堤防帯となり，海岸までが三角州低地である。両扇状地の灌漑面積，灌漑期取水量（日用水量）は，手取川扇状地が 8,587ha，40.3m^3/s（40.5mm/d），庄川扇状地が 11,783ha，57.1m^3/s（41.9mm/d）で，扇状地は荒田（ざるた）で日用水量が大きい。

5.3　水中の全窒素，全リンと生態系

5.3.1 代掻き後の田面水

　4.3.3で述べた石川県野々市市にある大学の水田で測定した代掻き，田植え後の田面水の全窒素・全リン濃度の推移は図-5である。T-NとT-Pの重量比は，1〜3で，田面には，アオミドロ，緑藻類，

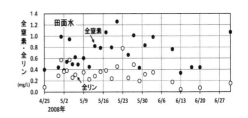

図-5　代掻き後の田面水の全窒素・全リン

56

褐藻類，水草が繁茂し，田面が緑色に覆われている。

5.3.2 手取川ダムの湖水

(1)クロロフィルa

静水中の窒素，リン濃度とクロロフィルaの関係は，河川水中の水生生物系の基礎データとなる。手取川ダム湖の定点水質調査[4]が，3月〜12月まで毎月1回行われる。2005年から2013年の間，ダム湖の水深0mと水深2m地点のT-N/T-Pの重量比とクロロフィルaの関係は，図-6となる。水深0mでは，T-N/T-P が10でクロロフィルaが最大となり，水深2mでは，10〜25で大きく上昇することが分かる。

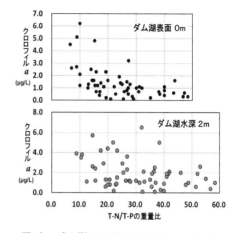

図-6 ダム湖の T-N/T-P とクロロフィル a の関係

(2)2013年のダム湖水

2013年7月豪雨は，次のようである。7月22〜29日の雨量と29日の日雨量は，甚之助（標高1,443m）で490mm，332mm，白峰風嵐で292mm，215mmであった。7月24日の白峰牛首では，3.5.1で述べたように全窒素0.45mg/L，全リン567μg/Lであった。図-7に各月毎のダム湖内の垂直分布の推移変化[4]について，無機態窒素をa.図，全リンをb.図，クロロフィルaをc.図に示す。同図から水深20m付近で全リン濃度が高く，クロロフィルaが水深0〜2m間

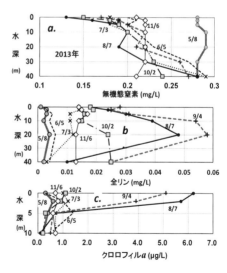

図-7 2013年豪雨の手取川ダム湖の状況

で増加している。**a.**図の無機態窒素濃度は，5月が最大で，8月に向かって次第に低下している。3.2で検討した結果から，3月以降，白山麓の融雪初期には，積雪中の大気汚染物質が集中的に流出し，湖水の濃度が急上昇するが，その後は，白山麓のざらめ雪からの低濃度融雪水が多量に流入し，水深30m以浅では大きく低下する。7月豪雨の濁水がダム湖の中層に流入し，表層付近では，多量の窒素とリンによって植物プランクトンが増え，魚類には格好の避難水域となる。

5.3.3 水生生態系生息場の用水の全窒素，全リンの重量比

生物体の窒素とリンの重量比[5]は，海産性植物プランクトンの Redfield 比 7.2，霞ケ浦のアオコが 13.5 である。陸生の葉物野菜では，野菜の窒素，リン酸吸収量合計[6]から重量比を求めと，ミズナの吸収量合計(kg/a)は，N が 0.97，リン酸が 0.18 であるので，窒素・リン比は，12.3 となり，同様に，チンゲン菜は，11.1，ほうれん草は，8.5，ブロッコリーは，9.3 である。一方，水生生態系の生育域の流水の全窒素と全リンの重量比は，5.1 のバイカモでは 12.4 で濃度が高く，静岡県ワサビ田[7]では，14.3，14.9，11.6 の 3 例があるが，平均 T-N1.7mg/L，T-P130μg/L である。これらから水生生態系の生息域に適した流水の T-N/T-P 比は，11～14 であり，繁茂するには，高濃度が条件となろう。T-N/T-P 比が，これより大きいと，水生生態系には，リン不足で，小さいと窒素不足と思われる。

5.4　手取川流域の全窒素，全リンと生態系

5.4.1　手取川流域

(1)上流域の河川水　　　　手取川流域809km²及び庄川流域の河川水質を**図-8**に示す。2009年8月20日の手取川ダム流入量[8]26.3m³/sは，平水量と低水量の中間である。手取川流域の上流域では，T-Nが0.25mg/L，T-Pが9μg/L以下で，3.5.3の**図-12**と同様に清浄である[9]。

(2)丘陵地の鳥越における清水　　　　**図-8**に示す名水で有名な鳥越の杉森・神子清水を，2009年に7回採水した。清水は，標高505mの低い山からの浸透地下水で標高200mにある。杉森は，T-Nが0.20～0.42 mg/Lで平均値が0.30mg/L，T-Pは，22～29μg/Lで平均値が26μg/Lである。神子は，T-Nが0.65～0.78 mg/Lで平均値が0.71mg/L，T-Pは，18～25μg/Lで平均値が22μg/Lである。鶴来にある石川県林業

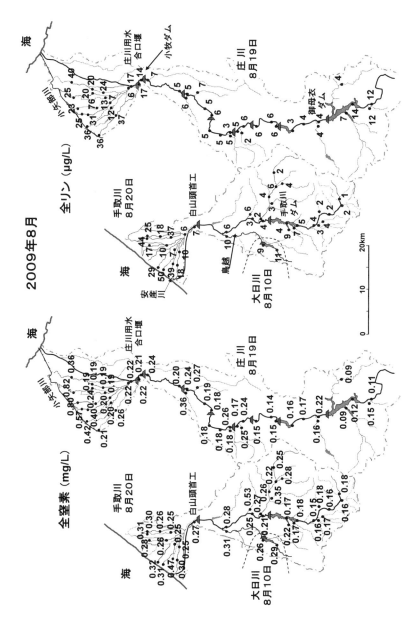

図-8　石川県手取川、富山県庄川流域の河川及び水路の全窒素・全リン

試験場の試験林における斜面パイプ流の4回平均は0.24mg/L, 35μg/Lである。山腹の浅層地下水流は, 森林による溶存有機物の吸収が不十分なため, 河水よりも高濃度である。

(3) 扇状地の用水路水　　　図-8に示す扇状地の七ケ用水路[1]では, T-N, T-Pは, 水田からの透流出水が加わって扇央から扇端へと増えるが, 集落排水の処理水を含んだ水を採水した箇所では, T-N, T-Pが大きくなることがある。

(4) 手取川扇状地の地下水　　　2009年11月の結果は, 4.5.2で検討した。2010年6月に採水した井戸水の結果[1]は, **図-9**である。**図-10**に**図-9**のAB間の地形標高を示す。まず浅井戸を検討する。山島用水路は, 扇央稜線付近に位置し, 地下浸透水が手取川方面にも流れ, **図-9**の左図の点線で囲んだ①領域では, 手取川の浸透水が加わってT-Nが1mg/L以下に希釈される。野々市市側は, 市街地の雑排水が加わって高い。**図-9**の右図の全リンでは, 4.2の**図-3**に示したように, 点線で囲んだ②領域は表土層が90cmを超えて厚く, リンの固定化が起きて低い。

深井戸の全リンは, **4.4**の**図-9**に示す大学の150m井戸が55μg/Lで, 野々市市の深井戸と同じである。能美市の100μg/Lを超えた井戸は, 深さが不明であるが工

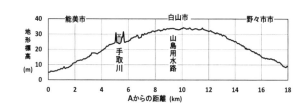

図-10　図-9上図の能美市A～野々市市B間の標高

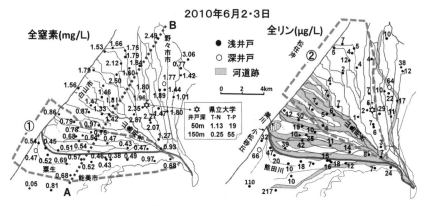

図-9　手取川扇状地の浅井戸, 深井戸の全窒素, 全リン

場用の井戸である。水田に施肥されたリンは，浸透する過程でリン酸固定化して地下50mで10μg/Lに減少するが，4.5.3の検討から，深層地下水帯には，白山からの約50μg/Lの深層地下水が流れ，松任沖の海底林[10]で湧出している。

5.4.2　手取川左岸の熊田川

(1)水資源開発による取水量増加
手取川扇状地では，昔から用水配分を巡って水争いが多かったが，白山頭首工，大日川・手取川ダム建設により，扇状地での用水量が増え，地下水湧出量が増えたため，図-3のように，トミヨは，1970年頃には，手取川扇端部河口の広範囲に生息するようになった。その後，宅地化の影響を受け，用水路の老朽化と雨水排水の改修事業によって，1990年ではトミヨ生息域が粟生，美川に狭められた[11]という。

(2)熊田川
手取川左岸域の水田域を灌漑する宮竹用水の下流部に熊田川がある。図-11の調査水路は，熊田川下流域水田の用水源であり，手取川伏流水の地下水集水渠に繋がっている。2009年8月26日の全窒素では，調査水路への湧水は0.76mg/Lであるが，水田排水の流入（0.27mg/L）を受けて0.62mg/Lとなる。調査水路では，T-N/T-Pの重量比は，100を超え，5.3.3の考察から全窒素が高い。熊田川に流入す

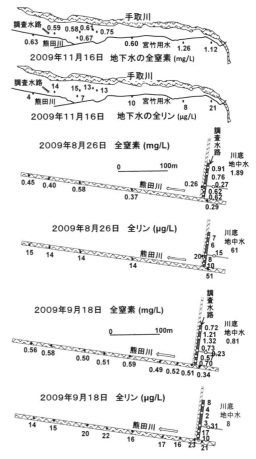

図-11　熊田川の梅花藻生息地の全窒素と全リン

61

ると，宮竹用水（0.29mg/L）によって希釈されるが，熊田川では，河床からの湧水が加わって濃度が0.58mg/Lまでに高まる。調査水路では，地下水によって供給される栄養塩等によって水温15℃，セリ，バイカモが群生し，トミヨ，ヨコエビ，トンボが生息している。古老によると，昔は水量が豊かでトミヨも数多く，佃煮にしたという。現在では，地下水位が低下し，秋には水量が少なくなる。熊田川では，T-N/T-Pが約30で，バイカモが少なく，コカナダモの群生が優位である。2009年9月18日は，灌漑用水の元圦取水量が減っているため，熊田川の全窒素濃度は高く，これらの傾向を示している。なお，一恩[12]の同水路におけるトミヨの2008年の生息数調査では，0.8〜3.1（個体/m²）で，今日も生息環境が持続している。

5.4.3 美川町の安産川

　図-9 に示すように，手取川河口には，草炭質腐植土の堆積層上にある小松砂丘[13]と美川高台によって地下水流が遮られ，陸地側に湧水域ができている。地元では，湧水を水源とする流れを川と呼んでいる。図-12 に示す安産川は，4.5.1の図-10 の中島用水と新砂川用水掛りの水田の落水を集め，窒素濃度が増えてゆく。4.2 の図-3 から表土層が 31〜60cm で薄くてリン固定が少ないため，全リンが約 50μg/L と高く，T-N/T-P の重量比が 15 前後で河床に水草が生えている。さらに下流では，地下水の湧水によって全リンが少し希釈される。トミヨの養殖池である「はりんこの池」付近では，T-N/T-P が 42 で，ナガエミクリが繁茂している。下流端の自噴井戸は，窒素が高くてリン値が低いことから，この地下水が河床から湧き出ているため，河川水はこの影響を受けて濃度も変化している。

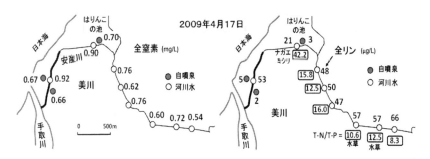

図-12　美川町安産川の全窒素と全リン，T-N/T-P

62

5.5　庄川流域の全窒素，全リンと生態系

5.5.1　庄川扇状地の概要

　図-13に示す庄川流域は，1,189 km²で，扇状地は，東の庄川と北西の宝達丘陵・小矢部川に囲まれ，平均勾配1/170である。図-14に扇端の福岡町から扇頂の庄川町までの地層断面[14)]を示す。深さ約50mまでは，砂礫主体の扇状地洪積層で，扇端部の福岡町周辺には，礫・砂・粘土から成る氾濫原洪積層があり，この地層が扇央からの地下水の流れを堰止めて湧水させる地質構造になっている。礫層上に砂質の薄い耕土の乗った水田は，流水客土され，庄川合口堰で取水した用水で灌漑される。扇状地では，1994年末から小矢部川流域下水道（処理施設：表-2の二上浄化セ

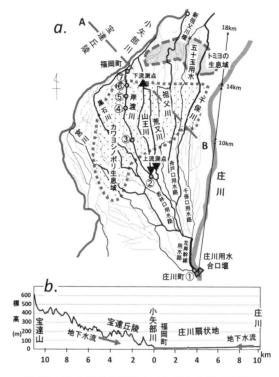

図-13　庄川扇状地地形と AB 間の地形標高断面

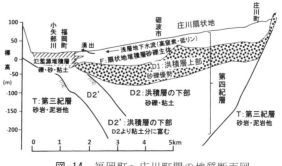

図-14　福岡町〜庄川町間の地質断面図

63

ンター）が整備・供用され，汚水処理人口普及率は，2007年度末で高岡市91%，砺波市78%である。**図-13**には，2014年頃の生態系の生息域[15]を示す。

5.5.2 庄川上流域の河川水質

　図-8に示す2009年8月19日の小牧ダム流入量123m³/s[8]は，豊水量に相当する。この頃の御母衣ダムに至る風は，NOAA後方線追跡法によると，朝鮮半島から西方向に白山を超えて来ることが多いため，白川郷の河川の全窒素値は，白山麓よりも小さく，リン値は共に一桁である。庄川上流域では，T-Nが0.20mg/L，T-Pが10μg/L以下であり，庄川用水合口堰では，T-Nが0.22mg/L，T-Pが14μg/Lで，清水である。2009年6月3日における小牧ダム流入量75.8m³/s[8]は，低水流量74m³/sより多く，流域全体の全窒素，全リンを，後掲の9.3.2の**図-4**に示す。

5.5.3 水田の耕起による河川水質の変化

　庄川合口用水水利権水量[16]は，代掻き期71m³/s，常時最大57m³/s，非灌漑期20m³/sである。用水は，**図-4, 13**の合口堰から取水され，扇状地の舟戸口用水（排水：千保川），新又口用水（排水：祖父川），若林口用水（排水：荒又川，岸渡川）などの各農業用水路に配分される。例年，4月上旬から水田の耕起，下旬に基肥，5月上旬に代掻き，中旬に田植えなどの農作業が進められている。**図-4, 13**の合口堰と各排水河川の流末付近で，2008年に採水分析した全窒素，全リンを，**図-15**に示す。2，10月の全リンは，灌漑期よりも少ない15μg/L以下である。4月20日の全リン値の高いのは，4.3.4(2)で検証したように，融雪湛水によってリン酸が再度可給態となり，水田域の耕起によってリン酸塩の流出が起こり始めたと言える。

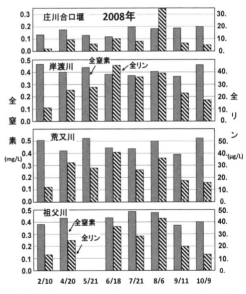

図-15　庄川扇状地の各排水河川末端の水質

5.5.4 庄川扇状地の水循環

　北陸整備局による庄川扇状地の水収支検討結果[17]では，扇状地帯水層への地下水の涵養量は，年間平均で 36.2m³/s，12〜3 月で 27.8m³/s，4〜9 月が 45.7m³/s，10〜11 月が 24.7 m³/s である。用水路への地下水の湧水量を，庄川沿岸用水土地改良区連合の観測流量から推定する。図-13**a** に三角印で示した山王川と荒又川上流 2 地点から荒又川下流点までの河川区間は，図-4 に示したように下流部が自噴域内にある。この河川区間の流入量は，荒又川下流点流量と山王川・荒又

川の上流 2 地点流量との差で，図-16 となる。同図の基底流量は，非灌漑期で約 2m³/s，灌漑期の無降雨継続期間で約 4m³/s と推定され，当該区間流域からの地下水流出分である。

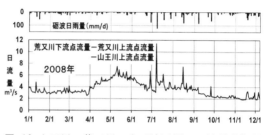

図-16　山王川，荒又川の上下流区間での流量増加量

5.5.5 扇端部の地下水

　図-13**a.** に示す点線 AB 間の地形標高は，図-13**b.** となる。図-17 は，2018 年の高岡市水道の水源水[18]の無機態窒素と硬度である。小矢部川左岸側は，渓流水源であるため，4.5.2 及び 4.6.1 の手取川の浸透域と同様に低窒素・低硬度である。福岡

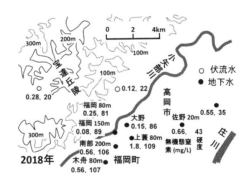

図-17　高岡市水道・地下水の無機態窒素と硬度

町は，図-4，13 に示すように扇央部に位置するため，扇状地の地下水流の硬度は，4.6.2 の手取川扇状地と同様に100を超えている。図-13**b.** の地形勾配から宝達丘陵系地下水の一部は小矢部河床を潜って扇端部まで浸透流出している[19]ため，図-17 の小矢部川右岸の福岡町1号80m，2号150m井戸の水は，硬度が81，89と南部井戸より小さく，2008年5月のT-Nが0.21，0.08mg/L，T-Pが42，61μg/Lと

高硬度，低窒素，高リンで，4.4の大学井戸150mの0.2mg/L，55μg/Lに近く，さらに，南部井戸がT-N 0.58mg/L，T-P 13μg/L，小矢部川が聖人橋でT-N 0.52mg/L，T-P42μg/Lであるので，これらとも異なり，宝達丘陵系の地下水流と言える。

5.5.6 岸渡川での窒素，リンの季節変化

2009年8月19日の庄川扇状地内の水路・河川の窒素，リンは，図-8に示したように，図-4の自噴域内を通る岸渡川，荒又川，祖父川，千保川では，いずれも流下に伴ってT-N，T-Pが上昇している。図-13, 19の岸渡川の①～⑦地点における2008年のT-N，T-P，T-N/T-Pの重量比を，図-18に示す。*a*図のT-N，*b*図のT-Pとも基肥後の5月21日，穂肥の後の8月6日は高くなり，肥料分が少なくなった秋には低くなる。③，④地点では水田からの浸透水を受けてT-N, T-Pが上昇す

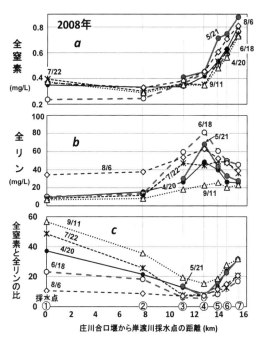

図-18　岸渡川での全窒素，全リンの動態

るが，④～⑦地点では，T-Nが高くてT-Pが低下し，*c*図のT-N / T-Pが高くなる。水田の降下浸透水のリンは，4.3での結果から，土壌中のAl，Feイオンで固定化されて低濃度となった浅層地下水が，図-14の氾濫原堆積層と宝達丘陵からの浸透水に遮られて岸渡川・荒又川などの水路底に湧出する。このため，岸渡川のT-Pは，中流④の62μg/Lから下流⑦で39μg/Lに希釈される。

5.5.7 扇状地中・下流域の湧出水の全窒素，全リン

無降雨日が継続した2008年5月21日の扇央・扇端部の河川，水道水源の全窒素，全リンを図-19に示す。岸渡川，荒又川の下流部では，流下とともに窒素分が増

66

加している。**図-19**に示す山王川の計測区間1.2kmは，底面砂礫で，川幅が上流3.8m，下流5.8mである。非灌漑期の晴天続きの日に，上下流端及び流入水路の流量差から求めた湧出量とその全窒素・全リンは**表-1**で，高窒素，低リンの湧水が山王川のリン濃度を低くしている。鯉の里公園の自噴泉より低窒素，同リンである。

5.5.8 荒又川・山王川の生態系

2009年8月の荒又川・山王川のT-N，T-P，T-N/T-Pの重量比を，**図-20**に示す。中図では，T-N/T-P比10以下の上流側にバイカモ，コカナダモ，T-N/T-P比46の下流側に沈水ヤナギダテとクロモが密集している。バイカモの密集した（表紙：山王川の写真）川底のT-N，T-Pは河水より高く，T-N/T-P比は9.7である。密集域の

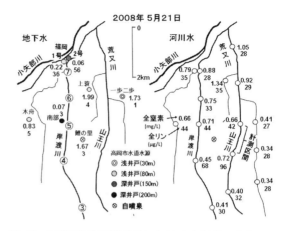

図-19 庄川扇状地扇端部域における全窒素・全リン

表-1 庄川扇端部山王川の湧水と自噴泉の全窒素・全リン

測定 年月日	山王川計測区間			鯉の里自噴泉	
	湧出量 (m³/s)	全窒素 (mg/L)	全リン (µg/L)	全窒素 (mg/L)	全リン (µg/L)
2008/10/23	0.18	0.73	19	1.66	15
2008/12/4	0.35	0.98	20	1.66	33
2009/4/11	0.3	0.81	2	1.63	2

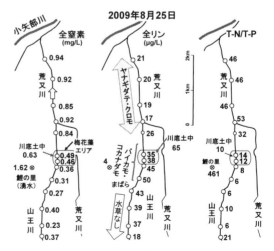

図-20 荒又川の水質と水草群生域

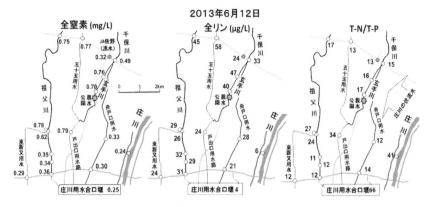

図-21 玄手川親水公園周辺の全窒素・全リン

上流では，水草がまばらになって，次第に消える。

5.5.9 玄手川親水公園周辺

図-21に示す玄手川では，ナガエミクリが繁茂し，トミヨの生息する生態系保護の親水公園[20]がある。公園では，T-N，T-Pが増え，T-N/T-P比17となる。下流のJA佐野の20m浅井戸は，2008年8月で，T-N 0.30 mg/L，T-P 24μg/Lであった。なお，トミヨは，水路が三面コンクリート張りに改修されても湧水の補給があれば，生存している例がある[21]。

5.6 庄川，小矢部川の全窒素，全リンの経年変化

5.6.1 小矢部川の全窒素，全リンの経年変化

富山県内の河川・海域における年4回の全窒素，全リンの水質データ[22,23]の測定位置は，図-22である。庄川雄神橋は，合口堰の直下流で，合口堰の水質と同じである。小矢部川上流端の人美橋では，中山間地の棚田が散在するため，庄川雄神橋の値より高い。砺波扇状地の用水は，庄川合口堰で取水され，各農業用水路→水田域→岸渡川，荒又川，祖父川，千保川の各排水河川から小矢部川に流れ，下水処理場の二上浄化センターの放流水，工場排水などが合流して，海に流れる。庄川地下水流動機構検討結果[24]によると，長江（国条橋・流域面積569km²）の流量に占める地下水量とその比率は，4〜9月の灌漑期では34.9m³/s，

68

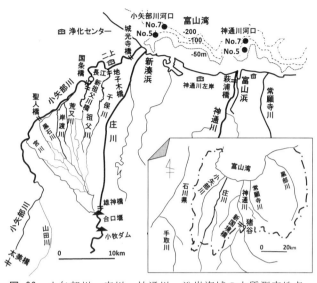

52%, 10, 11 月の非灌漑期では 25.9m³/s, 57%, 12〜3 月の降雪期では 23.6m³/s, 51%である。庄川扇状地井戸調査[17]では NO$_3$-N は，水田からの浸透を受けて扇央・扇端部の広範囲で 1.5〜1.8mg/L であるため，小矢部川の窒素濃

図-22　小矢部川，庄川，神通川，沿岸海域の水質測定地点

度も高くなる。2002〜2019 年における各排水河川の末端地点の年平均値の推移を図-23 に示す。5.2 の図-2 に示したように，水田施肥総量の経年的な減少傾向を反映して，全窒素，全リンともに減少傾向にある。

5.6.2 小矢部川の流出負荷量

富山県は，小矢部川の 2004 年の総排出負荷量を計算している。長江における 2004 年の 3 ヶ月間の平均流量と国条橋の 1999〜2005 年の T-N, T-P の観測平均値[22]の積で表される流出負荷量/日は，表-2 に

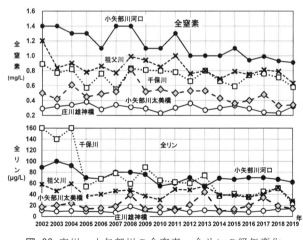

図-23　庄川，小矢部川の全窒素，全リンの経年変化

示すように，融雪期が多い。国条橋の年間流出負荷量⑤は，窒素 4,457kg/日，リン 291 kg/日で，一方，富山県が求めた国条橋の 2004 年の面源，生活の排出負荷量[25]は，窒素 4,211 kg/日，リン 303 kg/日である。国条橋の値⑤に，祖父川，千保川と二上浄化センターの放流水（T-N14.7mg/L，T-P1800

表-2　小矢部川における流出負荷量収支

国条橋	1999〜2005 年		2004 年	全窒素	全リン
	全窒素 mg/L	全リン μg/L	日流量 m³/s	kg/日	kg/日
①　1〜3 月	0.85	34	72.6	5,323	212
②　4〜6 月	0.84	88	65.7	4,784	497
③　7〜9 月	0.64	50	47.1	2,616	205
④10〜12 月	0.96	47	61.9	5,127	251
⑤　2004 年の年間合計			61.8	4,457	291
富山県：2004 年面源，生活排出負荷量				4,211	303
城光寺橋	2004 年			全窒素	全リン
	全窒素 mg/L	全リン μg/L	日流量 m³/s	kg/日	kg/日
⑥　祖父川	0.9	59	5.8	451	30
⑦　千保川	0.82	160	8.4	595	116
⑧二上浄化センター	14.7	1,800	1.37	1,740	213
⑨ ＝ ⑤ ＋ ⑥ ＋ ⑦ ＋ ⑧			77.4	7,243	650
⑩ 2004 年観測値	1.4	110	77.4	9,362	736
富山県：2004 年の総排出負荷量				9,430	720

μg/L）を加えると，⑨で窒素 7,243 kg/日，リン 650 kg/日となる。城光寺橋地点の流量×観測濃度から求めた流出負荷量⑩は，窒素 9,362 kg/日，リン 736 kg/日となる。一方，城光寺橋における 2004 年の総排出負荷量[25]は，窒素 9,430 kg/日，リン 730 kg/日である。この値と⑨の差は，城光寺橋までの工場地帯の排出負荷が入っていないことなどが挙げられる。このように，生活，工場の負荷排出量は季節変動が大きくないが，扇状地の水田灌漑が稼働すると，5.5 の地形地質構造の働きによって，多量の窒素，リンが自然に海に供給される。

5.7　河口海域の全窒素，全リンの経年変化とシロエビ漁獲量

5.7.1 富山県の汚濁負荷発生源

　富山県は，1999年度に富山湾に流入する窒素は，53.0 t/日，リンは，2.86 t/日と推定[26]した。その内訳は，表-3である。面源系は，森林山

表-3　富山県の発生源別排出負荷量割合

1999 年度	面源系	生活系	産業系
窒素	43%	13%	44%
リン	44%	23%	33%

70

地域，水田等農地域である。産業系の90％が工場・事業所であり，生活系の約半分が下水道等，3〜4割が単独浄化槽である。下水道の処理率と富山県農林水産統計年報のエ

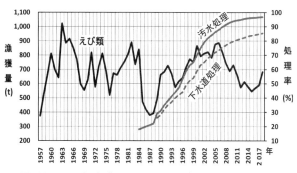

図-24　エビ類漁獲量と公共下水道の処理率の関係

ビ類漁獲量の推移を示すと，**図-24**になるが，エビ類の80％がシロエビである。1980年代までは，下水道整備率が低く，汲取し尿の処理には，下肥，海洋投棄など，汲取し尿の単独処理が行われていた。1980年頃の窒素・リンの負荷総流出量は，処理施設・技術等が不十分なため，2010年頃より多いはずであり，エビ類漁獲量が800 tを超えていることでも確認される。

5.7.2 富山湾沿岸海域の流れ構造

　富山湾の湾床には日本海固有水が，上層には能登半島沿いに対馬暖流が流入し，湾西部から湾内を反時計回りに流動し，湾奥の沿岸海域には多くの河川水の流入と淡水性海底湧水 [27]が存在し，水塊構造は複雑である。

5.7.3 神通川の全窒素，全リンの経年変化

　神通川の県境に近い新国境橋と河口の萩浦橋の水質を**図-25**に示す。神通川は，流域面積が 2,720km^2，庄川の 2.3 倍である。飛騨・高山の積雪量が少ないため，豪雪地帯を流れる手取川，庄川のように融雪水による河水窒素の逓減効果

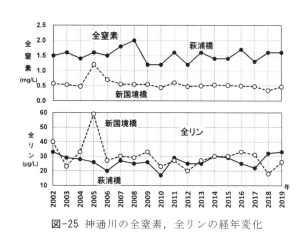

図-25　神通川の全窒素，全リンの経年変化

71

が期待されず，県境の新国境橋でも T-N 0.5mg/L と高い。県内を流下する間に，支流や富山市の工場などの排出負荷を受けて，河口の萩浦橋では，小矢部川河口に比べ，T-N が高いが，T-P は半分と低いため，T-N/T-P 比は 50〜80 と小矢部川河口の倍である。常願寺川河口の両岸には，富山市などの広域下水処理場があり，処理水を海に放流している。

5.7.4 河口海域の全窒素，全リンの比とシロエビ漁獲量

　河川水が海域に流入してできる密度躍層によって，河川からのリン酸塩の高濃度域が形成[28]され，植物プランクトンと植食性動物プランクトンが大増殖し，シロエビはアミ類とオキアミ類を餌[29]としている。シロエビの漁期が4月〜11月で，小矢部川・庄川及び神通川の河口付近の海底谷の頭部の水深200m以浅に集まって生息している。漁獲量は，1980年代前半，500 t前後であったが，1985〜1989年は，漁場の低水温が続き，漁獲量が200 t余りに低迷し，1990年には600 tまでに回復した。図-22に示した小矢部川河口海域No.5,7及び神通川河口海域No.5,7の水質測点は，共に海底谷[30]の水深150,200mにある。神通川河口海域のNo.5,7地点の2か所での全窒素，全リンの値を比べると，図-26となる。No.5地点は，河口に近いため，No.7よりも変動が大きく，混合・拡散が充分でないようである。小矢部川河口海域では，No.5, 7の差は神通川海域よりも小さい。両河口海域間でも値が異なる。以下では，No.7地点で検討を行う。シロエビの活動域が海底谷周辺に限られている[31]ので，富山県水産情報システム[32]よりシロエビ漁獲量を図-22に示す新湊浜，富山浜に分けて集計し，以下の検討をする。

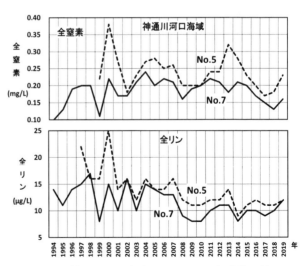

図-26　神通川河口海域の No.5, 7 の測定値比較

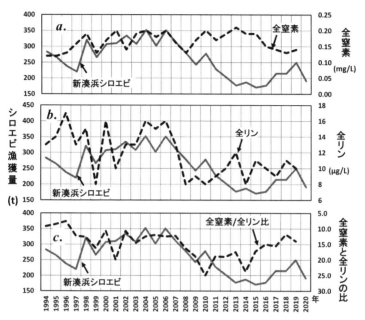

図-27　新湊浜のシロエビ漁獲量と小矢部川河口海域 No.7 の全窒素，全リン

(1) 新湊浜のシロエビ漁獲量[32]　図-27に，1994〜2020年間，新湊浜のシロエビ漁獲量と1994〜2019年間の小矢部川河口海域No.7における*a.*全窒素，*b.*全リン，*c.*全窒素と全リンの重量比の逆目盛の図を示す。1994年頃からT-N，T-Pが共に増えてT-N/T-P比が14に近づくと，シロエビ漁獲量が増え，2004〜2006年がピークとなり，その後，2015年まで減少傾向にある。図-23の小矢部川河口のT-N，T-Pは，図-2のように，扇状地水田の施肥量の減少などに伴って少しずつ減少し，図-27*b.*の海域No.7では，特に全リンが大きく減少し，T-N/T-P比は，10から25を経て15に推移している。シロエビ漁獲量は，2004，2006年をピークに350tから2013〜2016年には170t台までに減少し，その後，2017年からは200t台までに回復している。次のような解釈が想定される。2004〜2006年のT-N/T-P比は，12.5で，5.3.3で検討した霞ケ浦のアオコ13.5に近く，流水のT-N/T-P比11〜14の間にある。2007年以降，全リンが減少してT-N/T-P比が増えると，漁獲量も減った。2018年には，全窒素，全リンが減ってT-N/T-P比が12になったが，T-N，T-P値が共に低濃度であるため，漁獲量は微増である。なお，2020年は，191tである。

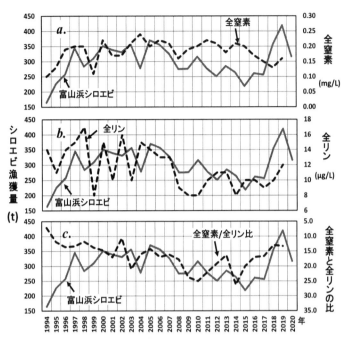

図-28 富山浜のシロエビ漁獲量と神通川河口海域 No.7 の全窒素，全リン

(2) 富山浜のシロエビ漁獲量[32]

図-25の神通川河口の萩浦橋はT-N，T-Pともほとんど変化がないが，図-28の神通川河口海域No.7のT-Nは，図-27の小矢部川海域よりも少し高い。海に放流している神通川左岸などの流域下水道などが影響しているが，情報はない。1994年頃からT-N，T-Pが共に増えてT-N/T-P比が15に近づくと，シロエビの漁獲量が増え，1997年に345tになり，1999，2001年に全リンの急減で減少したものの，2006年まで350t台が続いた。2009〜2015年にかけてT-Nが0.2mg/L前後を維持したが，T-Pが半減したため，T-N/T-P比が25に増えて漁獲量が100tも減った。その後も低リン状態が続き，2016年からT-Nが若干減少してT-N/T-P比が12に近づくと，漁獲量は2019年に419tまでに増えた。なお，2020年は，316tである。

　以上，2019年には，両浜ともT-N/T-P比が12前後になって，2015年比で，新湊浜46％増，富山浜92％増となった。新湊浜では，全窒素の減少，富山浜は，全窒素の減少と全リンの増加である。これより，T-N/T-P比を12前後に保つだけで

74

なく，窒素・リンの濃度調整の必要性を示唆している。なお，猪谷（標高215m）の2006年降雪量が1,236cmと多く，飛越山地域の融雪に伴う栄養塩が河口海域のプランクトンを大増殖させ，シロエビ漁獲量の増加に寄与したと思われる。

あとがき

　扇状地水田域では，農民たちによる江浚え，水田耕起，施肥，代掻き，田植え，田の水管理，土地改良区による取水堰・用排水路などの農業水利施設の管理・操作など，彼らによる日々の生産活動は，流域と地域における水循環と水環境の保全に貢献するだけではなく，水田から自然に流出する窒素，リンが，河川から海域までの水生生態系の生息環境の保全にも資することを実証した。

　今後とも扇状地の耕作面積の減少と施肥総量が減少傾向にある。流域の水環境は，規制による水質保全から沿岸漁業や生物多様性など多面的な価値や機能を高める方向に転換を模索すべき時代となっている。

引 用 文 献

1) 早瀬吉雄：流域の水循環・水環境・生態系を支える水土里のエビデンス，水土の知（投稿中）
2) 早瀬吉雄，瀧本裕正：：庄川・黒部川・手取川扇状地における水循環とトミヨ生息域，水土の知，84 (2)，pp.21～24 (2016)
3) 農林統計協会：ポケット肥料要覧，1970～2014
4) 石川県手取川水道事務所：水質試験年報，17～26集（2007～2015）
5) 榮田　愛，天野佳正，相川正美，町田　基：窒素，リンの絶対量および N/P 比によって変化する藍藻類 Microcystis aeruginosa と珪藻類 Cyclotella sp.の優占化特性，日本水処理生物学会誌，49 (2)，pp.47～54 (2013)
6) 尾和尚人：わが国の農作物の養分収支，環境保全型農業研究連絡会ニュース，No.33, pp.428～445 (1996)
7) 岩橋光育：ワサビ田における被覆肥料の水口施用が生育・品質に及ぼす影響，農業と科学，626，pp.6～10 (2011)
8) 国土交通省：水文水質データベース，http://www1.river.go.jp/ (参照：2019 年 6 月 1日)
9) 早瀬吉雄：窒素循環から見た手取川流域の水循環の健全性について，水土の知，84(8)，pp.27～30 (2016)
10) 藤　則雄：縄文時代における自然環境(3) 自然環境要因の相関性，金沢星稜大学論集，37(3)，pp.1～26 (2004)
11) 平井賢一：手取川扇状地の魚類，白山－自然と文化－，北国新聞社，

pp.263〜272 (1992)

12) 一恩英二, 大沢藍子, 上田哲行, 北村邦彦:湧水水路におけるトミヨの分布・動態とその生息環境について, 農業農村工学会全国大会講演要旨集 pp.64-65 (2010)

13) 藤 則雄:北陸の海岸砂丘, 第四紀研究, 14 (4), pp.195〜219 (1975)

14) 名古屋通商産業局:富山県砺波平野南部地域地下水利用適正化調査報告書 概要篇, p.25 (1986)

15) 庄川左岸農地防災事務所:月刊庄川左岸農地防災事業の動き, 平成 24 年 7 月号, https://www.maff.go.jp/hokuriku/kokuei/syogawa/pdf/h2407_shogawa.pdf (参照:2020 年 6 月 25 日)

16) 庄川沿岸用水歴史冊子編さん委員会:砺波平野疏水群庄川沿岸用水, p.25 (2009)

17) 庄川扇状地水環境検討委員会:流域における健全な水環境の構築に向けて(2004), http://www.hrr.mlit.go.jp/ toyama/k004211.html (参照:2015 年 8 月 8 日)

18) 高岡市水道局:平成 25 年度水質検査結果, https://www.city.takaoka.toyama.jp/ sui-soumu/riyousha-.html (参照:2014 年 6 月 2 日)

19) 加藤 聡, 水谷義彦, 内田啓男, 飯田忠三:富山県庄川扇状地浅層地下水の水系区分, 地球化学 18, pp.29〜35 (1984)

20) 広瀬慎一, 瀧本裕士, 渡辺直美, 樋口昌隆:玄手川の生態系保護区におけるトミヨの生息状況, 農業土木学会誌 74 (9), pp.23〜27 (2006)

21) 田中 晋・長井宗路:黒部川扇状地におけるトミヨ（トゲウオ科）の分布, 富山大学教育学部紀要 B（理科系）,43, pp5〜12 (1993)

22) 富山県:水質汚濁の現状, ttp://www.pref.toyama.jp/cms_sec/1706/kj00007252.html (参照:2020 年 6 月 25 日)

23) 環日本海環境協力センター:平成 22 年度富山湾パイロットスタディ報告書(2011)

24) 富山河川国道事務所:庄川扇状地水環境検討委員会, 第 1〜6 回会議資料, (2001〜2004) http://www.hrr.mlit.go.jp/toyama/topics_detail_41_413_ e332e0f6c90b03f3c3ca9d336c968584.html (参照:2015 年 12 月 8 日)

25) 富山県:富山県水質環境計画, pp.1〜106 (2008)

26) 富山県立大学 環境システム工学科編:新富山の水環境, pp.89〜90 (2009)

27) 八田真理子, 張 勁, 佐竹 洋, 石坂丞二, 中口 讓:富山湾の水塊構造と河川水・沿岸海底湧水による淡水フラックス.地球化学 39, pp.157〜164 (2005)

28) 長田 宏, 奈倉 昇:富山湾における河川水の流入とクロロフィル a 濃度の季節変動, 日水研報告, (43) pp55〜68 (1993)

29) 浦沢知紘:シラエビの食性と沿岸海洋生物との関係, 平成 25 年度 日本海学研究グループ支援事業報告書 (2013)

30) 南條暢聡:海底谷のはなし 〜豊かな富山湾の陰の功労者〜, 富水研だより 13, 富山県農林水産総合技術センター, pp.5〜6 (2014)

31) 中島一歩:庄川・小矢部川河口沖におけるシロエビ幼生の分布 https://taffrc.pref. toyama.jp/nsgc/suisan/webfile/t1_01ce9adac8c38387d2843d3d03c56f8e.pdf (参照:2021年3月5日)

32) シロエビ漁獲量:富山県水産情報システム, http://www.fish.pref.toyama.jp/ (参照:2021 年 3 月 5 日)

6. 利根川上流域における大気の窒素沈着と河川窒素濃度

まえがき

　わが国のエネルギー源は，1955年以降，石炭から石油に替った。1970年には，首都圏の経済活動及び京浜・京葉工業地帯の工場や自動車からの排気ガスで，光化学スモックが発生した。硫黄酸化物は規制により減少したが，窒素酸化物は，削減が進まずに関東地方の上空を漂っている。首都圏の上水や農業用水を取水する利根川の利根大堰では，今も全窒素濃度が農業用水水質基準 $1mg/L^{1)}$ を超えている。

　ここでは，気象庁の過去の気象データ[2]，地球環境研究センターの全国酸性雨データベース[3]，国土交通省の水文水質データベース[4]，群馬県の公共用水域水質測定データ[5]を基にして，群馬県，埼玉県，東京都における降水窒素測定値から利根川上流域の局地気候と窒素沈

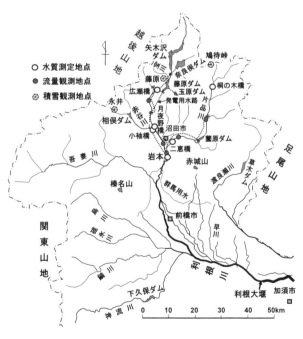

凡例:
○ 水質測定地点
● 流量観測地点
⊗ 積雪観測地点

図-1　利根川上流域の概要

77

着量の関係，窒素沈着量の経年変化を検討した。さらに，利根川上流6ダム湖への流入水窒素濃度から見た各ダムの流域特性，6ダム流域からの窒素流出負荷量及び本川・支川の河川水の窒素濃度の経年変化，森林域の窒素沈着と年蓄積増量（樹木の幹体積の年増加量）の関係など[6]を検討した。

6.1　利根川上流域の概要

図-1に示すように，利根川上流域の地形は，北部に越後山地，西部に関東山地，東部に足尾山地の三方を高い山地に囲まれ，南東側が関東平野に連なっている。利根川は，源を群馬北部の県境に発し，赤谷川，片品川などを集めて赤城，榛名山の間を通り，利根大堰に流下している。利根川上流域には，治水・利水目的の11ダムがあり，ダム上流から取水する発電用水路が図-1の点線で示すように，縦横に走っている。このため，発電用水路のない八木沢，奈良俣，相俣，草木，下久保の5ダムと発電用水路がバイパスする薗原ダム，上流水源域からの流出水が集まる岩本を検討対象地点とする。

6.2　岩本，利根大堰地点の全窒素濃度の推移

図-2に示す石油供給量[7]は，経済成長と共に増加し，石油危機などの不況期には減少している。岩本と利根大堰の全窒素濃度[4]は，1953年に小林[8]の観測値があり，1970年以降増え始め，石油危機などの不況期には若干減少した。平成不況期では，岩本が微増であるが，利根大堰は微減しても依然として2.0mg/Lを超えている。

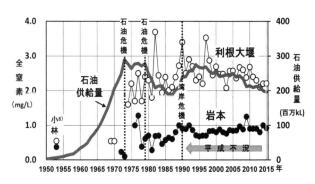

図-2　岩本，利根大堰の全窒素濃度と石油供給量の推移

78

6.3 利根川上流域の大気からの窒素沈着量

6.3.1 関東平野における風の流れ方向

気象庁の過去の気象データ[2]から1990〜2016年までの7,8月の風の最多進行方向を**図-3**に示す。東京湾からの湿った南風が関東北部の高い山地に阻まれて，山間地では雷三日の雷雨をもたらす。冬季は，日本海からの北西季節風が越後山地を越えて関東地方に空っ風が吹く。

6.3.2 窒素酸化物の大気中の動き

分子量は，空気28.8，水18，NH$_4$ 18，HNO$_3$ 63であるので，NH$_4$は大気中を水蒸気と同様に動くが，空気より重い

図-3　1990〜2016年の7,8月風の最多進行方向

HNO$_3$には風力が必要である。気温30℃，湿度80%の湿潤大気は1km上昇すると凝結し，窒素酸化物は水滴に溶けて降水沈着する。

6.3.3 前橋，加須地点における窒素沈着量の推移

全国環境研協議会は，都道府県の環境研究所で湿性沈着を1991年，非降雨時にガスと粒子の酸化物質濃度を2003年から測定[3]した。乾性沈着量は，計測した酸化物質濃度に，気象データの輸送因子と沈着表面の要素から沈着速度推計

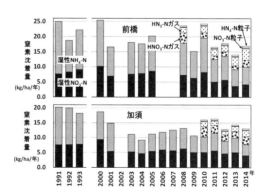

図-4　1991〜2014年の前橋，加須の年窒素沈着量の推移

プログラム[9]で求めた沈着速度を掛けた値である。乾性沈着量は，調査地点の半径20km圏の市街地，森林，農地ごとの沈着値を地目比率で集計する。この手順による年乾性沈着量のみが2007年から公表された。全国酸性雨データベース[3]から群馬県前橋と埼玉県加須の1991〜2014年までの年間の窒素沈着量を図-4に示す。同図より前橋の湿性沈着量は，加須より多い。

6.3.4 前橋の森林域における月別窒素沈着量

前橋の2005年，2014年の月別酸化物質濃度[3]から，前項の手順で求めた森林の乾性沈着量に，湿性沈着量を加えた月別窒素沈着量は，図-5となる。森林の月別窒素沈着量は，6〜9月に多い。2014年は，2005年より図-2の石油供給量が20%減少しており，年間を通して月別窒素沈着量も減少している。

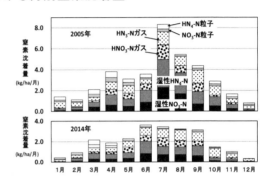

図-5　2005，2014 年の前橋の森林月別窒素沈着量

6.3.5 群馬県内の風の流れと湿性窒素沈着量

群馬県衛生環境研究所では，2003〜2006年に県内4地点で湿性沈着量を測定[10]した。図-3の群馬県から東京湾岸までの測定地点において，7，8月の沈着量の多い月と1月の値[3]を表-1に示す。この地域には，冬季には北西風，夏季には湿った南風が卓越する。このため，表-1は，測定地点が汚染物質排出域である首都圏，京浜湾岸域の風上になると沈着量が少なく，風下になると多いことを示している。2005年7月の風の最多進行方向と5地点の窒素沈着量を，地形起伏

表-1　2003〜2006 年の 7 月，1 月の窒素沈着量 [6](kg/ha/月)

場所・標高	年 月	03年 7月	04年 8月	05年 7月	04年 1月	05年 1月	06年 1月
中之条	390m	2.7	1.6	2.9	0.1	0.4	0.1
前　橋	120m	5.2	3.6	5.0	0.0	0.3	0.1
安　中	170m	5.1	2.0	3.9	0.1	0.3	0.1
太　田	45m	2.5	3.0	2.4	0.0	-	0.2
加　須	13m	2.3	0.8	2.9	0.1	0.5	0.2
江　東	1m	2.2	0.7	1.1	0.2	0.7	0.4
川　崎	1m	2.4	0.8	2.0	0.3	0.8	0.5

図に重ね書きすると，**図-6**となり，月雨量は，**図-7**である。過去の気象データ[2]には，毎時の天気と昼夜の天気概況欄がある。前橋の2005年7月は，「曇一時雨，雷を伴う」雨の日が20日間あった。日雨量1mm以上の日は，前橋より標高の低い地点が13日間で，山地域が20日間であった。**図-6**から夏季の大気の流れは，次のように解釈できる。首都圏からの地上風は，丘陵地の秩父と足利を結ぶ線を通過すると通り道が狭くなり，榛名山，赤城山の山地斜面に沿って地形性上昇気流となり，雷雨を起こす。大気汚染物質は，前述の6.3.2で降水沈着する。さらに，利根川沿いに北上する大気は，**図-6**の風向から三つの方向に分かれる。一つ目は碓氷川，鏑川沿いに西に向かう流れ，二つ目

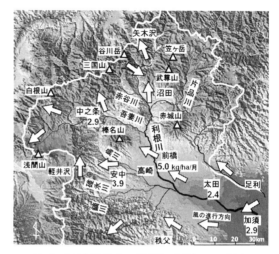

図-6 2005年7月の窒素沈着量(kg/ha/月)と風の最多進行方向

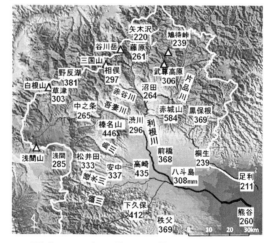

図-7 2005年7月の月雨量(mm)の分布

は，吾妻川と片品川の谷間に向かう流れであり，三つ目は，沼田を北上して，赤谷川と矢木沢方面の二方向に分かれる。これら気流の流れに位置する安中，前橋，中之条は，山地地形で囲まれ，上昇気流により雷雨が発生し易く，加須，太田よりも窒素沈着量が多くなる。**図-7**からは，平野部から榛名山，赤城山の

81

標高の高くなる当たりで雨量が多く，その北側の県境山地域では減少していることが分かる。

6.4 ダム流域における窒素流出負荷量

6.4.1 ダム湖の流入窒素濃度から見た流域特性

水資源機構の水質年報[11]，水文水質データベース[4]では，利根川上流域のダム湖に流入する河川の水質測定は月1回であり，積雪の多い2003年の全窒素濃度と積雪深を示すと，図-8になる。矢木沢・奈良俣ダムは，5〜12月の測定のみで，共に0.20mg/L以下である。矢木沢，薗原，相俣ダムの流域では，前年に地表に積もった窒素分も積雪で凍結している。

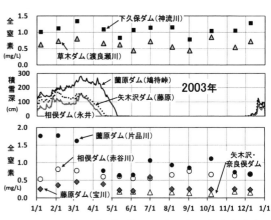

図-8　2003年の各ダム湖への流入水の全窒素濃度

3.2で検討したように，融雪初期の積雪が凍結融解を繰り返してざらめ雪化する過程[12]では，積雪中の窒素分が優先的に溶出するので融雪水の窒素濃度は高く，融雪の進んだ4〜6月には低くなる。また，薗原ダムは，1〜3月が1.7mg/L，7〜10月も1.0mg/L前後と高いことと，矢木沢・奈良俣ダムの河川水は低濃度である。これらの事象と図-6,7に示した風の流れと窒素沈着量から，夏季の片品川流域には，6.3.5で述べた二つ目の気流が，片品川沿いに流れ，さらに，標高2,158mの武尊山，2,057mの笠ヶ岳などの地形性上昇気流による雨で大気汚染物質が沈着して，薗原ダムの全窒素は高くなり，山向こうの矢木沢，宝川では，低濃度になると言える。赤谷川流域には，三つ目の気流が上昇する三国山などの斜面においても同様の現象が起き，河川水の窒素濃度は，0.6 mg/Lと高い。一方，積雪のない草木ダムは，年中，0.5 mg/Lを超え，神流川下久保ダムでは，1.0 mg/L

と高い。

6.4.2 ダム流域の窒素流出負荷量の経年変化

ダム湖への全窒素濃度と窒素負荷量を，2003〜2005年と2012〜2014年で示すと，**表-2**となる。**図-4**の加須と前橋ともに年間の窒素沈着量が減少しているため，5ダム流域とも窒素負荷量は，

表-2　ダム湖への流入水の全窒素濃度と窒素負荷量

項目 地点名	流域面積 km²	2003〜2005年		2012〜2014年	
		濃度 mg/L	負荷量 kg/ha/年	濃度 mg/L	負荷量 kg/ha/年
矢木沢ダム	167.4	0.15	5.21	0.15	5.03
奈良俣ダム	95.4	0.15	2.50	0.15	2.19
相俣ダム	110.8	0.58	9.57	0.50	8.22
薗原ダム	607.6	0.93	-	0.88	-
岩　本	1,692	0.82	14.97	0.90	15.07
草木ダム	254.0	0.73	10.80	0.51	7.15
下久保ダム	322.6	1.07	7.07	1.00	6.49

若干減少している。前項の気流と地形起伏の関係から薗原・相俣ダムの窒素濃度が高いため，下流の岩本は窒素濃度が高く，窒素流出負荷量も変わらない。

6.4.3 水質測定点における全窒素濃度の経年変化

水文水質データベース[4]，群馬県の公共用水域水質測定結果[5]から，**図-1**に示す水質測定点の全窒素濃度の経年変化を，**表-3**に示す。月夜野橋地点以外では，6.3.4の大気からの窒素沈着量の減少ほどには，どの地点も減少せず，逆に増加地点もある。

表-3　水質地点の各4年間の平均全窒素濃度(mg/L)

河川名	採水地点	1990〜1993年	2003〜2006年	2011〜2014年
利根川	広瀬橋	0.30	0.31	0.31
利根川	月夜野橋	0.81	0.39	0.30
赤谷川	小袖橋	1.08	1.03	0.82
片品川	桐の木橋	0.24	0.35	0.28
片品川	二恵橋	1.16	1.15	1.21
利根川	岩　本	0.83	0.85	0.89

6.5　窒素負荷量と森林域の年蓄積増量

大気からの窒素沈着は，山地域の森林にとって肥料である。農林業センサス林業編[13]の1995年と2000年における群馬県市町村別の森林蓄積から年蓄積増量を求めた。自動車道整備などで森林面積の減少した町村を除くと，**図-9**となった。**図-6**と比較して，安中，中之条，川場など，夏季に首都圏からの窒素酸化

物を運ぶ気流の通り道では，森林の蓄積増量が大きいことが分かる。2005年以降，市町村別の森林蓄積量は公表されていない。

あとがき

農業用水を取水する利根大堰の全窒素濃度は，農業用水水質基準よりも高い。これまで国，県で収集されたデータを基に，利根川上流域の5ダム湖に流入する河川の窒素濃度，窒素流出負荷量の経年変化について検討し

図-9　2000〜2005年の森林の年蓄積増量
(m³/ha/年)

た結果，夏季の季節風によって京浜工業地帯，首都圏から飛来した窒素酸化物が，前橋，安中，中之条の山地斜面で起きる地形性上昇気流によって降水沈着することが解明された。近年，前橋，加須での年窒素沈着量の漸減に対応して利根川上流5ダム湖への流入負荷量が漸減しているが，上流水源域出口の岩本の

窒素濃度は変化してない。最後に，小林が測定した戦後間もない1953年の全窒素を，図-10に示す。当時は，図-2のように石油輸入量が乏しく，農村では，し尿の農地還元を行った下肥[14]利用の時代であった。図-10の利根川上流域の値と表-3の地点の値を比較すると，首都圏からの

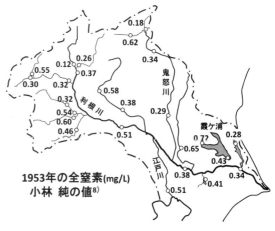

図-10　小林による1953年の利根川流域の全窒素

大気汚染の影響が実感できる。これからの脱炭素が実現した時の利根川の水質像は，**図-10**に，人間による生産活動や都市下水道の排出を加えたものにとどまるか否かは，今後の取り組みにかかっている。

引 用 文 献

1) 農業土木学会：清らかな水のためのサイエンス －水環境学－，p.20 (1998)
2) 気象庁：過去の気象データ検索，http://www.data.jma.go.jp/obd/stats/etrn/index.php (参照：2017 年 4 月 20 日)
3) 地球環境研究センター：全国酸性雨データベース，http://db.cger.nies.go.jp/dataset /acidrain/ja/03/ (参照：2017 年 4 月 20 日)
4) 国土交通省：水文水質データベース，http://www1.river.go.jp/ (参照：2017 年 4 月 20 日)
5) 群馬県：統計情報提供システム「水質測定結果」,http://toukei.pref.gunma.jp/wqs/ (参照：2017 年 4 月 20 日)
6) 早瀬吉雄：利根川上流域における大気からの窒素沈着と河川の窒素濃度，水土の知，86 (4)，pp.29～32 (2018)
7) 経済産業省：エネルギー生産・需給統計年報,http://www.meti.go.jp/statistics/tyo/ seidou /archives /index.html (参照：2017 年 4 月 20 日)
8) 小林　純：本邦河川の化学的研究（第 3 報）関東地方の水質について，岡山大学農学研究，43-1，pp.1-40 (1955)
9) 野口　泉，山口高志，川村美穂，松本利恵，松田和秀：乾性沈着量評価のための沈着速度推計プログラムの更新，環境科学研究センター所報，1，pp.21～31 (2011)
10) 全国環境研協議会：第 4 次酸性雨全国調査報告書,全国環境研会,32 (3)，p.97,123 (2004)
11) 独立行政法人水資源機構：水質年報，http://www.water.go.jp/hhonsya/honsya/ torikumi/kankyo/suisitu/index.html (参照：2017 年 4 月 20 日)
12) 早瀬吉雄：手取川流域の融雪水による河水窒素濃度の逓減，水土の知，84 (4)，pp.25～28 (2016)
13) 農林水産省：世界農林業センサス，都道府県別統計書，林業編，10 群馬県，http://www.e-stat.go.jp/SG1/estat/List.do?bid=000001013279&cycode=0/ (参照：2017 年 4 月 5 日)
14) 循環型社会の歴史：平成 20 年版環境・循環型社会白書，p.69，https://www.env. go.jp/policy/hakusyo/h20/pdf/full.pdf (参照：2020 年 4 月 5 日)

7. 鬼怒川流域の水環境と窒素収支

まえがき

　わが国では，農地・水利施設の開発，化学肥料の多肥によって，食料増産を図ってきたが，コメ余りなどに伴って，水田面積は，1969年の320万haをピークに減少に転じた。農村地帯でも，工場・住宅地の造成などが進む一方，施肥の適正化や過疎地の耕作放棄など，流域の土地利用が変化している。

　農業の水循環は，上流側で取水された還元水を下流側で反復利用することであり，これまで，重回帰モデルによる流水機構の解明[1]，さらに分布型水循環モデルによる解析の精緻化[2]など，多くの研究・検討がされてきた。

　ここでは，国土交通省の水文水質データ[3]，農林水産省の農林業センサス[4]，地球環境センターの全国酸性雨データベース[5]を

図-1　鬼怒川小貝川流域の概要

86

基に，栃木県，茨城県を流れる**図-1**の鬼怒川・小貝川流域を対象に，窒素流出量の推移及びデータの揃った2014年の窒素収支について検討[6]した。

7.1　鬼怒川・小貝川流域の概要

　図-1の鬼怒川の流水は，山岳地帯の川俣，川治，五十里のダム群を通って，大谷川との合流点から扇状地を流下し，利根川に合流する。鬼怒川の佐貫，岡本，勝瓜の各頭首工（鬼怒川三堰）で取水された農業用水は両岸の農地を灌漑し，左岸域では地形標高の低い小貝川に排水される。下流の流量・水質測定点[3]は，鬼怒川の水海道・豊水橋，小貝川では福岡堰の影響を受けない黒子橋とする。上流の流域面積は，水海道・豊水橋1740.1km[2 3]，黒子橋580km[2 3]から八間堀川54.7km[2 7]を引いた2,265.4km²である。以下では，佐貫頭首工地点より上流の流域面積1,013km[2 1]を山地部，残りの1,252.4km²を平野部とする。平野部は，森林面積が244.4km[2 4]で，1,008km²が農地，工場・住居地である。

7.2　鬼怒川・小貝川流域の水環境の変化

7.2.1　鬼怒川・小貝川における窒素流出量の推移

　流域の水質値の経年変化の概要は，**図-2,3**に示す河川の上下流地点の値で検討する。水質測定は，年4回の無降雨日である。5～7月の灌漑期の値を黒丸，9～10月の非灌漑期を白丸で示す。山地部出口の上平橋は，奥日光の積雪量が2003年698cm，2004

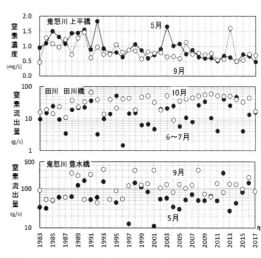

図-2　鬼怒川，田川の窒素濃度，窒素流出量の推移

87

年475cm，2005年558cmと多いと，3.2の検討から融雪期の窒素濃度は高くなる[8]。田川，五行川では，6〜7月の窒素流出量は，10月より少なく，鬼怒川では，5月は9月より少ない。この現象は，鬼怒川の三堰で取水された73.2m³/sの農業用水が，都市域・農村域における非農業からの窒素負荷を希釈していることを示す。小貝川では，都市域が狭く，混住化している。

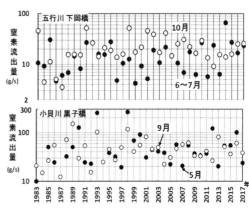

図-3　五行川，小貝川における窒素流出量

　年間窒素収支を検討する2014年の平均日流量と窒素濃度は，豊水橋で81.4m³/s，1.54mg/L，黒子橋で28.8m³/s，1.84mg/Lで，これより求めた年間窒素流出量は5,627tとなる。

7.2.2 栃木県，茨城県内の地下水の窒素濃度

　栃木県，茨城県では，水田灌漑に適しない常総台地一面に畑作と畜産が行われ，1988〜1992年の観測結果では，水道水の水質基準10mg/Lを超えた地点が多い[9]。2016年の栃木県，茨城県の地下水測定点とその窒素濃度[10,11]

図-4　2016年の栃木・茨城県の
　　　地下水窒素濃度

は，図-4である。7.5.4で後述するように，畑作地帯では，吸収されない多くの施肥窒素が雨水浸透して，地下水の窒素濃度は高位である[12]。

7.3 大気窒素の湿性・乾性沈着量

図-5に示すように，鬼怒川流域の地形は，北部に越後山脈に連なる山岳，西部に足尾山地があるため，夏季の東京湾からの湿った南風で運ばれる首都圏の大気汚染が沈着し易い[13]。このため，2014年の湿性沈着量[5]は，日光が多い。平野部の湿性沈着量は，小山，宇都宮の平均値11.7 kg/haである。栃木県内に乾性沈着の観測地点がないため，6.3.3

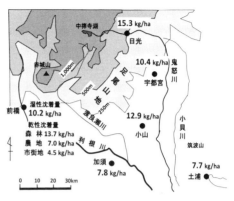

図-5　2014年の窒素の湿性・乾性沈着量

と同様に，前橋の観測値から沈着速度推計プログラム[14]より乾性沈着値を計算[13]し，図-5に示した。計算では，林地の樹木のキャノピー高さは10m，農地は，水稲を想定して灌漑期0.4〜0.9m，非灌漑期0.2〜0.3mとした。

7.4 森林・平野域における大気からの窒素流出量

7.4.1 上流ダム群の2014年窒素流出負荷量

上流ダムの降水窒素濃度に日光の値を採用し，ダム流域雨量から湿性沈着量を計算する。ダム流域の放流水の水質測点における湿性沈着量，窒素流出量は，それぞれ川俣ダムの松ノ木平で7.6kg/ha，4.6kg/ha，川治＋五十里ダムの小網で8.5kg/ha，4.1kg/haである。森林の乾性沈着量を図-5の13.7kg/haとすると，ダム森林域の窒素吸収量は，川俣ダム16.7kg/ha，川治＋五十里ダム18.1kg/haとなる。森林域の窒素吸収量は，3.7.2の結果[15]よりも乾性沈着量分が増える。

7.4.2 森林域からの窒素流出量

山地部からの2014年流出量[2]は，1,612×10^{6}m^{3}である。山地部の窒素流出量は，年流出量に上平橋の窒素濃度0.51mg/Lを掛けた窒素量822tから，日光市・塩谷町

の下水負荷量236tを引いた586tとなる。一方，平野部では，湿性沈着量11.7kg/ha＋乾性沈着量13.7kg/haから，流域標高の低い森林窒素吸収量18.1kg/haを引いた7.3kg/haに，森林244.4km²を掛けると178tとなる。森林域の窒素流出量は，山地部と平野部の合計764tである。

7.4.3 平野部の市街地，畑地における窒素流出量

市街地では，湿性沈着量11.7kg/ha＋乾性沈着量4.5kg/haの合計16.2kg/haに，市街地645.5km²を掛けた1,045tが水路に流出する。畑地では，後述の7.5.4の検討結果から，湿性沈着量と乾性沈着量の合計18.7kg/haに，畑地107.4km²を掛けた201tが流出する。水田では，7.5.3(1)の検討結果から，窒素流出量10.6kg/haとして，後掲の表-1に計上する。

7.5 農畜産域からの窒素流出量

7.5.1 市町村界図における流域界の確定

農林業センサス[4]は，1950年に設定した市町村ごとに集計され，統計値の継続性が保持されている。歴史的行政区域データセットβ版[16]で，旧町村を地図表示させ，地理院地図[17]の地形標高断面図をもとに鬼怒川・小貝川流域界を確定し，地形図に写す。これより旧町村に対する流域面積の占める比率を求める。

7.5.2 流域内の農作物の作付面積の集計

5年ごとの農林業センサス[4]には，市町村ごとの山林面積，農作物の作付面積，野菜類の作物別作付面積，果樹類の栽培面積，家畜の飼育頭数などが記載されている。これらの数値は，市町村ごとの流域面積比率で案分した。5年ごとの集計値は，表-1である。

7.5.3 水田の施肥と窒素動態

(1)水田における窒素収支　水稲の養分収支は，施肥窒素90kg/haに対して吸収窒素量は96kg/haで，6kg/haが施肥以外から吸収する[18]。農地における4～8月の沈着量は，湿性6.7kg/ha，乾性4.2kg/haの計10.9kg/haおよび灌漑用水，地力等による窒素供給量から，6kg/haが稲に吸収され，残りが流出するが，この詳細は未解明である。そこで，表-1の水稲の窒素流出量には，湖沼水質保全計画における全国各地の水田汚濁負荷量の平均値10.6kg/ha/年[19]を採用すると，水田域

からの流出負荷量は，270tとなる。

(2)水田面積と施肥窒素量の推移　　全国的に稲の倒伏防止と良食味米指向から施肥基準の窒素量は，減少している。対象流域内の市町全域の水田面積に全国のコメ10a当たりの施肥窒素量[20]を掛けて求めた施肥量の推移は，**図-6**に示す。全施肥量は，水田面積と単位施肥量の減少が相乗して半減した。水田域からの流出負荷量は，270tは，後掲の**図-7**に示す総流出負荷量の5%にも満たないため，施肥の減少事象は，**図-2,3**から読み取れない。

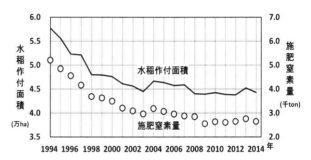

図-6　鬼怒川小貝川に関係する市町界の水田面積と施肥量

7.5.4　畑作物の施肥量と窒素流出量

畑作物ごとの施肥量と窒素流出量を**表-1**に示す。施肥窒素量は，県ごとに決められた施肥基準[21]がある。主要作物別の施肥窒素量に対して吸収された窒素量の利用効率の研究結果[18]がある。豆科作物は根粒菌の窒素固定によって，窒素供給される。**表-1**の野菜の窒素流出量は，作物ごとの非吸収量を2015年の作付面積重みで平均した値である。一方，陸稲，小麦など野菜以外の作物の窒素利用率は，20〜40%に分布するが試料数が少ないため，一律30%とした。畑地では非吸収窒素量が多いので，7.4.3の畑地の大気からの乾性・湿性沈着量相当分は，そのまま流出することになる。

7.5.5　牛・豚の家畜頭数と窒素流出量

農林業センサス[4]の原表では，2010年に記録のあった多くの集落で未記入があり，2015年の家畜数は，牛7,220頭，豚26,641頭と激減している。2015年は，過去の実績から牛2.2万頭，豚4.5万頭を想定し，**表-1**には，括弧書きで記入した。家畜の汚濁負荷量原単位[19]は，牛27.1g/頭/日，豚5.2g/頭/日とした。農畜産業からの窒素負荷量は，**表-1**から農地窒素流出量938t，牛豚窒素排出量303tの計1,241tとなる。

表-1 農畜産域における作付面積，家畜の飼育頭数とそれらからの窒素流出量

農作物	水稲	豆類	芋類	陸稲	麦類	雑穀	野菜	果樹	農地窒素流出量(t)
施肥窒素(kg/ha)	90	30	100	80	70	30	250	200	
窒素流出(kg/ha)	10.6	0	70	56	49	21	166	140	
面積(ha) 2000年	28,462	1,701	95	824	4,098	314	2,227	813	1,045
2005年	26,070	1,962	77	268	4,213	388	2,560	648	1,027
2010年	25,430	2,388	64	180	5,737	557	2,913	698	1,158
2015年	25,517	1,592	39	94	5,513	1,256	1,868	377	938

家畜	牛 (頭)	豚 (頭)	牛豚窒素排出量(t)	農畜産業窒素総流出量(t)
単位負荷量	27.1g/頭/日	5.2g/頭/日		
2000年	30,567	68,662	432	1,478
2005年	24,303	50,586	336	1,363
2010年	25,360	48,042	342	1,500
2015年	(22,000)	(45,000)	303	1,241

7.6 下水道からの窒素流出量

図-1 に示すように，複数の市町の下水を終末処理する流域下水道[22,23]があるが，流域内に放流する下水道のみが対象となる。各市町における集落排水，集合処理，個別浄化の流域内処理人口数は，市町ごとの町丁字別の人口数[24]から求めた流域内の人口比率を，各々の処理人口数[22,23]に掛けて算出した。放流水質基準値[20]には，下水道の活性汚泥法 15.2mg/L，筑西市の一部も流入する下妻の流域下水道は，実測の放流値 8.7 mg/L[25]，オキシデーション ディッチ(OD)法 4.9 mg/L，排出負荷量原単位[19]は，集落排水 6.1g/人/日，集合処理 6.5g/人/日，個別浄化槽は雑排水 3.0g/人/日を加えた 9.5g/人/日とした。その結果，流域内の市町の下水道の処理人口数，排出負荷量は，表-2 になる。下水道施設の 1 人当たりの処理水量は，高根沢市などが 69 m³/人/年と少ないが，日光市，宇都宮市，上三川町など，100m³/人/年を超える市町には，観光業地，商工業地などがあり，経済活動に伴う窒素負荷が下水道に流入している。以上より流域に住む 941,982 人と観光業地・商工業地から下水道に排出された窒素量は，2,421t である。

7.7 鬼怒川・小貝川流域の窒素収支

表-2 鬼怒川・小貝川流域における 2014 年の各市町の下水道からの窒素流出量（合計 2,421t）

処理施設名	単位	処理人口(人)	下水道施設 処理水量(m³/人/年)	下水道施設 排出窒素量(t) 活性汚泥法 15.2mg/L	下水道施設 排出窒素量(t) OD法 4.9mg/L	集落排水施設 処理人口(人)	集落排水施設 排出窒素量(t) 6.1g/人/日	集合処理施設 処理人口(人)	集合処理施設 排出窒素量(t) 6.5g/人/日	個別浄化槽 処理人口(人)	個別浄化槽 排出窒素量(t) 9.5g/人/日
日光	市	46,058	243	147.4	7.2			1,614	3.8	17,928	62.2
塩谷	町									4,382	15.2
宇都宮	市	432,591	183	1,167.5	11.6	7,123	15.9	11,396	27.0	20,160	69.9
上三川	町	28,806	｛214	｛265.1						189	0.7
下野	市	52,770				462	1.0	136	0.3	178	0.6
小山	市	18,463	98		8.8					493	1.7
さくら	市	17,584	69		5.9	1,233	2.7			11,008	38.2
那須烏山	市	4,635	46		1.0	2,780	6.2	708	1.7	1,620	5.6
高根沢	町	4,158	57		1.2	1,287	2.9	30	0.1	7,086	24.6
芳賀	町							446	1.1	5,239	18.2
市貝	町							738	1.8	2,864	9.9
真岡	市	51,391	116	83.8	2.1	5,793	12.9			20,316	70.5
益子	町	6,952	98		3.3	1,880	4.2			10,598	36.8
結城	市	26,737	163	66.3		652	1.5	117	0.3	2,232	7.7
筑西	市	28,928	112	49.1		15,272	34.0	4,997	11.9	16,064	55.7
八千代	町	3,147	｛40	｛15.0						2,249	7.8
下妻	市	12,523				2,917	6.5			2,080	7.2
常総	市	17,660				992	2.2			4,320	15.0
合計		752,403		1,794.1	41.3	40,391	89.9	20,182	47.9	129,006	447.3

93

前述してきたように，鬼怒川・小貝川流域の窒素収支を，**表-3**，**図-7**に示す。大気からの負荷量と人間活動による負荷量の全合計は，検討流域の下流端，豊水橋と黒子橋の窒素流出量5,627tに近い値となった。地球上の人間活動によって放出された大気中の汚染物質の窒素[26]が，山地部，平野部の畑地域，宅地・商工業地域に湿性・乾性沈着して流出する窒素量は，2,010tで，全窒素負荷量の35%を占める一方，農畜産業，商工業・観光業などの人間の経済活動から生じる窒素負荷量は，3,662tで全窒素負荷量の65%である。水田255km²の窒素量270tは，湛水栽培と施肥の適正化から全流出量の4.7%に過ぎない。大気の沈着窒素と施肥窒素は，一部が森林，農作物に吸収され，残りが人間による排出窒素とともに，河川から海に流れ，栄養塩類として水生生態系[27]を支えている。

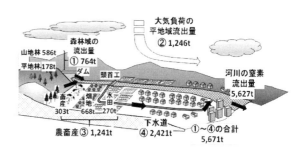

図-7　鬼怒川・小貝川流域における 2014 年の窒素収支

表-3　大気及び人間活動による窒素負荷流出量の収支(t)

大気からの負荷		人間活動の負荷		合計	流域下流端での窒素流出量
森林域流出量	平地域流出量	農畜産業流出量	下水道流出量		
764	1,246	1,241	2,421	5,672	5,627

あとがき

　鬼怒川・小貝川流域を対象に，データの揃った2014年の各発生源からの窒素流出量，全流域での窒素収支を検討した。水田稲作は，湛水栽培と施肥の適正化から，陸稲，麦作に比べ環境負荷が少なく，アジアモンスーンに最適な食料生産の生態系であることを強調したい。

引　用　文　献

1) 丹治　肇：利根川水系の水収支，農土誌，61 (6)，pp.13～17 (1993)
2) 宮島真理子，吉田武郎，森田孝治，村山　香，名和規夫，増本隆夫：取水・還元が連続する河川の流況解析に必要な水利情報の段階的スクリーニング，農業農村工学会論文集，307 (86-2)，pp.I_185～I_195 (2018)
3) 国土交通省：水文水質データベース，http://www1.river.go.jp/ (参照：2019 年 6 月 25 日)
4) 農林水産省：2010 年世界農林業センサス報告書，第 1 巻　都道府県別統計書，https://www.maff.go.jp/j/tokei/census/afc/2010/dai1kan.html (参照：2019 年 6 月 5 日)
5) 地球環境研究センター：全国酸性雨データベース，http://db.cger.nies.go.jp/dataset/acidrain/ja/05/　(参照：2017 年 4 月 20 日)
6) 早瀬吉雄：鬼怒川・小貝川流域における水環境の変化と窒素収支，水土の知 88 (11)，pp.25～29 (2020)
7) 茨城県：八間堀川，http://www.pref.ibaraki.jp/doboku/kasen/keikaku/river10.html (参照：2019 年 6 月 25 日)
8) 早瀬吉雄：手取川流域の融雪水による河水窒素濃度の逓減，水土の知，84 (4)，pp.25～28 (2016)
9) 滝田久男，斎藤匡男，川俣　毅，小山田則孝，鈴木八重子，小林たか子，島田匡彦，黒沢豊彦，杉浦則夫，高橋元新：井戸水の地域別水質調査結果について，茨城県衛生研究所年報，32，p.45-59 (1994)
10) 栃木県：常時監視測定結果，水質年表，平成 12～29 年度，http://www.pref.tochigi.lg.jp/d03/eco /kankyou/ hozen/jyoujikansikekka.html(参照：2017 年 4 月 20 日)
11) 茨城県：地下水の水質測定結果，平成 9～29 年度，http://www.pref.ibaraki.jp/seikatsukankyo/kantai/ suishitsu/water/chikasui.html (参照：2019 年 6 月 25 日)
12) 西尾道徳：作物種類別の施肥窒素付加量に基づく地下水の硝酸態窒素汚染リスクの評価法，土肥誌，72 (4)，pp.522～528 (2001)
13) 早瀬吉雄：利根川上流域における大気からの窒素沈着と河川の窒素濃度，水土の知，86 (4)，pp.29～32 (2018)
14) 野口　泉，山口高志，川村美穂，松本利恵，松田和秀：乾性沈着量評価のための沈着速度推計プログラムの更新，環境科学研究センター所報，1, pp.21～31 (2011)
15) 早瀬吉雄：窒素循環から見た手取川流域の水循環の健全性について，水土の知，84 (8)，pp.27～30 (2016)
16) ROIS-DS 人文学オープンデータ共同利用センター：歴史的行政区域データセットβ 版，http://geoshape.ex.nii.ac.jp/city/resource/ (参照：2019 年 6 月 25 日)
17) 地理院地図：http://maps.gsi.go.jp (参照：2019 年 6 月 25 日)
18) 西尾道徳：農業生産環境調査にみる我が国の窒素施用実態の解析，土肥誌，72，pp.513～521 (2001)
19) 国交省水管理・国土保全局下水道部：流域別下水道整備総合計画調査，指針と解説，pp.1～146 (2015)
20) 農林統計協会：ポケット肥料要覧，1970～2014
21) 栃木県：農作物施肥基準，http://www.pref.tochigi.lg.jp/g04/work/nougyou/keiei-gijyutsu/ sehikijun.html （参照：2019 年 6 月 25 日)
22) 栃木県：栃木県土木史　第 10 編　下水道，http://www.pref.tochigi.lg.jp/h02/documents/410gesui.pdf (参照：2019 年 6 月 25 日)

23) 茨城県：茨城県市町村別汚水処理人口普及率, http://www.pref.ibaraki.jp/doboku/gesui/kikaku/percentage/documents/h27osuifukyuu02.pdf (参照：2019 年 6 月 25 日)

24) 例えば, 茨城県：茨城県の人口 (町),http//www.pref.ibaraki.jp/kikaku/tokei/fukyu/tokei/betsu/jinko/aza/aza28/index.html (参照：2019 年 6 月 25 日)

25) 茨城県：各下水処理場の水質と排水基準, http://www.pref.ibaraki.jp/soshiki/doboku/ryuge/waterquality/index.html (参照：2019 年 6 月 25 日)

26) 早瀬吉雄：アジア大陸の気候システムと東アジアの降水窒素濃度 水土の知, 87 (2), pp.21〜26 (2019)

27) 早瀬吉雄：庄川水系の水循環に伴う窒素・リンの流れとシロエビ漁獲量, 水土の知, 84 (10), pp.27〜31 (2016)

8. 手取川流域における 自然資源の評価と環境変化

まえがき

　日本の人口は，終戦後7千万人から現在1億2万人に増えたが，農業，林業の就業者[1]は，それぞれ1950年に1,636万人，43万人から，2010年には214万人，7万人に減った。今後も続く農林業就業者の減少は，中山間地集落の消滅，農林業就業者の著減を暗示し，経済成長期に整備された土地改良施設と農道・林道等の老朽化，管理の粗放化と森林の高齢林化によって，農林業地域が果たしてきた公益的機能[2]の低下が危惧されている。

　自然資源とは，働きかけが可能で有益な価値を持つ水，森林，土地，生態系の資源[3]をさし，農林業の生産活動を行う中で，種々の公益的機能を発現している。顧客の価値・満足を創造することで人々の生活改善を目指す実践的なマーケティング論[4]によれば，自然資源機能を，受益者の価値・満足で評価し，顧客に訴求することが課題となる。ここでは，手取川流域を事例として，自然資源機能に対する現状の受益者数を機能別に明らかにするとともに，自然資源を巡る環境変化について検討[5]する。さらに，日本の農林業地域における自然資源を取り巻く環境変化と課題について整理する。

8.1　冬の日本海〜両白山地域の熱力学的考察

8.1.1 気候系の hot spot

　海洋と大気は，熱帯で太陽から過剰に受取った熱を高緯度へ運び，宇宙空間に戻すという気候学的に重要な役割も担っている[6]。暖流の影響が海面付近に留まらず，気象現象の生ずる対流圏全層にも及ぶことが，地球シミュレータ上の高解像度大気数値モデルで明らかにされた[7]。中緯度で海洋から大気への熱

力学的影響が集中する"気候系のhot spot"は，黒潮等の強い暖流域であり[6]，それは，冬季の日本海〜背梁山地域の間で起きている。

8.1.2 日本海沿岸地域の降雨・降雪システム

冬季の日本海沿岸地域の天候を支配するのは，2.2の図-2，図-1に示すように，アジア大陸北部に形成される大陸性極気団が吹き出す強烈な北西季節風である。大陸からの寒冷・乾燥・安定な成層をもつ気団は，対馬暖流の流れる日

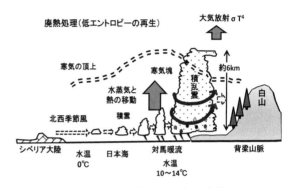

図-1　日本海上での気団変質

本海面から顕熱と大量の水蒸気の供給を受けて温湿となり，成層も不安定な気団変質を起こす[8]。このような積乱雲の対流及び白山等の背梁山脈による地形性の上昇流となって，大量の降雨・降雪を日本海沿岸地域に降らすことになる。

8.1.3 日本海〜両白山地域の熱力学的考察

過去30年間の輪島地点の高層気温は，対流圏では高度の上昇とともに温度が低下するが，対流圏界面より上空は逆になる。輪島上空の相対湿度は，冬季に400hPa，夏季に300hPaまで表示されているが，それ以上に水蒸気が上昇しているので，図-2を参考に対流圏界面を冬季は300hPa（標高9.3km），夏季は250hPa（10.5km）とする。10月〜翌4月までの冬季は1,000hPaと300hPa間，5月〜9月の夏季は1,000hPaと250hPa

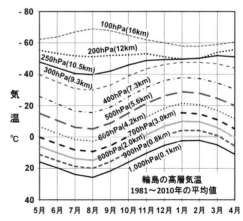

図-2　輪島の30年間の高層気温の月変化

98

間において高度100m当たりの気温減率を求めると，**図-3**となる。同図に白山白峰（標高470m）の30年間の平均月降水量を示す。1，2月は-0.57℃/100mで，夏季は，-0.6℃/100mである。輪島の日雨量が30mmを超えた2012年1月25

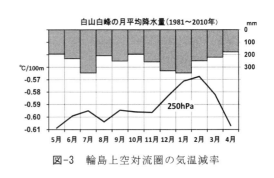

白山白峰の月平均降水量(1981～2010年)

図-3　輪島上空対流圏の気温減率

日21時では，250hPa面が-41.2℃で，**図-2**の気温平均値より高く，1,000hPaと250hPa面での温度減率は，-0.415℃/100mとなる。なお，2011年12月末には白峰風嵐（標高510m）では積雪106cmであった。このように，冬季の降雪時には多量の水蒸気の潜熱放出によって温度減率が小さくなる。1,000hPa面の気温を0.0℃として250hPa面（10.5km）の大気放射量σT^4（σ：ステファン-ボルツマン定数，T：絶対温度）は，標準大気-0.65℃/100mを基準に比較すると，-0.43℃/100mの放射量は，標準大気の1.5倍になる。

　冬季は，対馬暖流による南方からの熱源供給があるため，日本海側は，大陸並の冷凍気象から解放される一方，白山，剱，立山の山々によって降雪積雪という豊富な水資源と，3.2で示したように，融雪現象に伴う良質な水の供給を享受できる。

8.2　流域の自然の豊かさ

　槌田[9]，室田[10]は，「高温の熱が低温の空間へ拡散するのが熱の拡散で，熱エントロピーの増大になるが，高濃度の物質が低濃度の空間へ拡散するのが物の拡散で，物エントロピーの増大である。一方，地球に重力があるため，物エントロピーを宇宙に処分する術はない」という。水循環が形成されているところには，生物生態系が形成され，日光，H_2O，CO_2，O_2 を資源として廃物，廃熱を放出して活動する植物→動物→微生物→土→植物の養分循環が形成されている。この養分循環の中で，廃物である物エントロピーは微生物活動によって熱エントロピーに転化され，発熱した熱は大気と水の循環系に渡されて，宇宙に放出され

る（水蒸気は，熱エントロピーを捨てて水に戻り，地表に返る）。大気，水，生態，養分の四大循環によって，環境が去年と同じように今年も継続されている。一方，北回帰線付近の中東砂漠地帯では，熱帯収束帯上空からの乾燥した下降気流によって，砂漠が安定的に維持され，僅かな水蒸気も砂漠の外へ押し出され

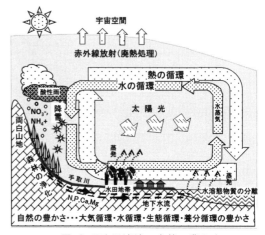

図-4 手取川流域の自然の豊かさ

てしまう。砂漠では顕熱の空冷のみで，潜熱の水冷というエントロピー処分機構がなく，水資源の獲得，廃物処理も化石エネルギーを利用することになる。図-4 に示すように，日本海〜両白山地の自然環境は，太陽放射エネルギーを熱源とし，循環の過程で低エントロピーの再生を図る巨大で効率的な熱化学機関として稼動している。「自然の豊かさ」とは，大気循環，水循環，生態循環，養分循環の四大循環の豊かさである。

8.3　自然資産の評価法

8.3.1 公益的機能（生態系サービス）の評価法

　これまで農林地の公益的機能を経済的に評価する手法として，代替法やヘドニック法，仮想市場評価法等がある。代替法[11]は，評価の対象となる機能を市場で取り引きされる財やサービスで置き換え，これらの財やサービスの市場価格から評価する方法である。ヘドニック法は，居住環境のアメニティの差が地価や賃金に反映していると，仮定して評価を行う方法である。仮想市場評価法[12]（CVM）は，環境の便益を享受している市民を対象にアンケート調査を行い，その環境を改善するために支払ってもよいと考える金額，支払意志額を直接尋ねる方法である。

8.3.2 扶養人口での評価

　農林地の公益的機能は，市場での取引がなされておらず，市場価格も存在しないし，公益的機能の受益者である一般市民の理解や値付けが適正であるか，また評価する代替物も適切・適正なのかの疑問が残る。また，農林業のように，人間が歴史的な年代を掛けて造り上げた自然共存型経営システムは，金額換算できるものだけを計上して，その収益性・効率性が低いからとして即，海外から代替物を輸入すれば，輸送に伴う CO_2 の排出のみならず，農林業を基盤とする地域経済と農林業が持つ多面的機能が崩壊する。流域の自然環境が，人を始め，生態系にも必要不可欠なもので，環境負荷が少ないという視点が重要である。ここでは，自然資産からの便益を，それによって扶養される人間の数で評価することにする。現況での資源受益者の数は，流域の有する自然資源と「人との関わり」の規模を示す。手取川流域の人口を超過した分の資源利用量は，流域外への移出量であり，資源受益者の数から，流域全体の役割が推測できる。次節の項目毎に求めた受益者数は，現況の資源利用であり，コーエン[13]のいう維持可能な最大人口を示すものではない。県・市統計資料等から著者が試算した自然資源量結果を，**図-5**に示し，以下，その根拠を示す。

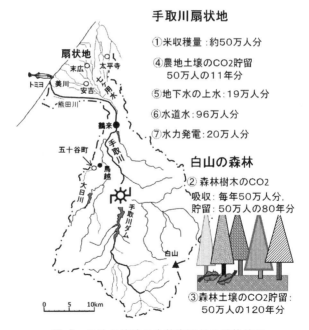

図-5　手取川流域の自然資源量の試算結果

101

8.4 手取川流域における現況の自然資源評価

　白山市，野々市市，能美市，川北町の4市町村を手取川流域とし，人口は2010年で21.4万人である。石川県統計書[14]では，2005年市町村合併以降，旧町村毎の集計を出さなくなったので，GISを利用して求めた地目ごとの土地利用面積表[15]である後掲の**表-1**を利用する。

8.4.1 森林域による炭素蓄積量

(1) 手取川流域の齢級別の材

積量　　　　林業センサス調査は，10年ごとに行われ，現況の森林面積，林種別森林面積，人工林・天然林の齢級別樹林面積，森林蓄積量等が市町村別に公表されている。手取川流域809km²には，小松市に属する大日川流域の83.9km²が含まれている。ここでは，大日川流域内の自然公園の天然林及び公園以外の森林を人工林とした。大日川流域の人工林面積は，流域の民有林面積に小松市の人工林／民有林の比率を掛けて求めた。天然林も同様である。手取川流域の森林面積は，60,774haで，人工林18%，天然林82%となった。1980,1990,2000年の人工林の齢級別樹林面積を**図-6**に示す。人

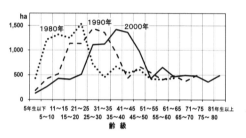

図-6　人工林の齢級別樹林地面積

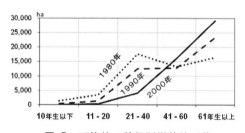

図-7　天然林の齢級別樹林地面積

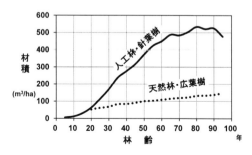

図-8　加賀地方の林分収穫表

102

工林には，杉，檜等の針葉樹，くぬぎなどの広葉樹があるが，手取川流域では
ほぼ杉である。同図で1980年の曲線が10年ごとに横に移動することになるが，
10 年生以下の樹林面積は減少し，新たに植林されていない。天然林は，ぶな，
その他の広葉樹が主で，針葉樹は少ない。天然林の齢級は 20 年ごとに整理さ
れ，**図-7** に示すように，10年ごとの横移動変化は読みにくい。また若い齢級が
乏しい。林齢と樹木の体積を示す材積との関係は，**図-8** の加賀地域の林分収穫
表から求める[16]。同図で，人工林針葉樹の杉は，天然林広葉樹に比べて成長早い
ため，材積量に大きな差が見られる。人工林・天然林の樹種別樹林地面積，齢
級別樹林地面積及び林分収穫表から齢級別の材積量を求めることによって，流
域の森林蓄積量が得られるが，実績の森林蓄積量と一致するように林分収穫量
線を微調整した。

(2) 炭素蓄積量の推定　　　　炭素蓄積量は，林木の蓄積量から次式で計算する。

　炭素蓄積量＝森林面積×ha 当り幹材積×拡大係数×容積密度×炭素含有率

拡大係数は，幹材積と幹・枝・葉・根の材木全体の材積の比を，容積密度は，
材積に対する乾重量の比で，炭素含有率は，木材に含まれている炭素率である。
これらの係数の値は樹種によって異なるが，一覧表[17]として示されている。これ
らの数値を用いて樹種・齢級区分
ごとの炭素蓄積量を算出した結
果，**図-9** になった。人工林，天然
林の合計値を順に示すと，1980年
で 260 万 t，1990 年で 305 万 t，
2000 年で 347 万 t となった。成長
に伴って 80 年～90 年間に 4.5 万
t／年， 90 年～00 年間に 4.1 万 t
／年増え，平均して毎年 43,348 t
増えたことになる。これを CO_2 量
に換算すると 159,087 t／年になる。

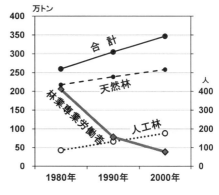

図-9　手取川流域の森林の炭素蓄積量

(3) 樹木の炭素蓄積量の評価　　　　環境省・林野庁による「地球温暖化防止のた
めの緑の吸収源対策」資料の京都議定書に基づく CO_2 吸収によれば，1 年間に
人間一人が吐く CO_2 量は 320kg，炭素量で 87.3kg である。森林域の樹木が毎年

吸収する炭素蓄積量を，人間の呼吸で吐く炭素量で割ると 497,147 人，つまり，50 万人が，以下の基準人員となる。これは，フローの評価である。すなわち，毎年，50 万人が呼吸で吐いた CO_2 を白山の森が吸収してオフセットしたことになる。この 50 万人は，手取川流域の人口 21.4 万人の 2.3 倍，石川県人口の 42.6%に相当する。また，2000 年時点で白山の森林の木に蓄えられた炭素貯留量 347 万 t，つまりストックは，森林樹木のオフセット人数 50 万人の吐く炭素量で割ると約 80 年分となる。

(4) 森林施業管理と木材資源の活用

加賀地方の杉と天然林の収穫表は，**図-8** であるが，石川県の樹種毎の年生長量は，**図-10** となる。これより，杉では林齢 30 年を過ぎると年成長量が減少し，80 年以降は最盛期の半分となる。アテは杉より若干小さく，檜，松は，杉の

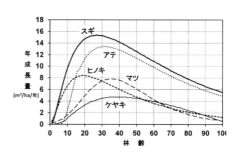

図-10 石川県の樹種区分毎の年成長量

半分強であり，欅は杉の 1/3 しかないことが分かる。従って，高齢化した森林は，年成長量が減少して年間の炭素蓄積量が減少するため，高齢の樹木を伐採して新たに植林，間伐等をする必要がある。従って，森林による炭素蓄積を図るには，森林施業管理と木材資源の活用が不可欠であるが，**図-9** に示すように林業専業労働者は，高齢化に伴い急減している。

8.4.2 森林土壌層の炭素蓄積量の評価

山地森林域の土壌層は，落葉落枝の堆積した有機物の土層と無機物が主の鉱質土層からなっている。腐植土層の厚さは，尾根筋と谷筋で，森林の樹種や林齢によって

表-1 手取川流域の炭素貯留量

手取川流域の地目		面 積 (ha)	土壌炭素ストック ton-C/ha	炭 素 貯留量 ton-C
扇状地	水 田	5,297	71.38	378,114
	畑 地	1,432	86.97	124,577
	果樹園	30	77.46	2,340
	草 地	15		
	林 地	3	84.21	287
	休耕田	228	71.38	16,302
	非農地	38		
	小 計	7,045		521,618
白山の林野地		63,843	84.95	5,423,463
合 計		70,888		5,945,081

104

も異なり，簡単ではない。林野庁では全国の森林で土壌炭素蓄積量調査を進めている。ここでは，表-1に示すように，森林土壌中の有機物量の全国平均値に，2007年度の値84.95 t-C/ha[17]を採用し，流域の森林面積を掛けて土壌炭素ストック量を求めると，同表の542tonとなった。この値を，森林樹木のオフセット人数50万人の呼吸で出す炭素量で割ると，124年間分に相当した。

8.4.3 手取川扇状地の炭素蓄積量の評価

扇状地の白山市，野々市町，川北町の農用地の利用地目ごとの面積は，上述の表-1となる。1ha当たりの土壌炭素ストック量[18]を用いて，炭素貯留量を求めると52万tとなる。これを森林樹木のオフセット人数50万人の吐く炭素量で割ると，12年間分となる。

8.5　水循環による便益評価

白山山地から流れる水は，位置エネルギーとして水力発電に，扇状地水田域5,297haの農業用水として利用され，一部は地下水を涵養する。これらの便益を県・市統計資料から整理すると，図-5となる。

8.5.1 米の生産量

米の減反・耕作放棄，混住化等によって，後掲の図-11に示すように，扇状地の水田面積は減少し，2008年では，5,487ha，玄米収穫量 30,660ton[14]である。2003年の1人/年の米消費量は59.5kg[19]で，精米ロスを10%とすると，扇状地の水田は，46.8万人分の米を賄っている。

8.5.2 水力発電量

手取川流域には，大日川，扇状地の七ヶ用水に計16ヶ所の発電所があり，2008年度の発電量は14.7億kWhである。石川県一人当たり7,190kWh/年[20]の電力を使うので，受益者数は，20.5万人となる。水力発電[21]による炭素排出量は11g-CO$_2$/kwhであるので，石油火力発電[21]の738g-CO$_2$/kwhに比べ，1人当たり5.2ton-CO$_2$/年を削減していることになる。

8.5.3 上水道水源

手取川から取水した鶴来浄水場の給水[22]は，南は加賀市から，北は能登島まで，約96万人分である。2010年の平均取水量は約2m^3/sで，手取川の流量基準

点中島の渇水量 28m³/s の 7%に過ぎない。

8.5.4 地下水利用

　扇状地内の地下水揚水量[23]は，2008 年度が 8,829 万 m³ で，うち工業用 55.2%，水道用 35.8%，消雪用 4.7%，農業用 2.1%である。上水道と簡易水道の水源としての利用者は，19 万人であるが，企業局上水道の水も混ぜて使用している。

8.5.5 地下水湧出による水生生態系の多様性

　昔，扇端部には自噴井戸が多くあった。5.4.2 で記述したように，手取川下流部左岸の熊田川には，下流水田の水源である地下水集水渠があり，そこは，絶滅危惧種トミヨの生息水路となっている。湧水の NO_3-N 濃度は灌漑用水より高く，生息水路には梅花藻，セリ，小エビ類，トミヨの生態系ピラミッドが形成されている[24]。また，5.4.3 で記述したように，美川町の安産川では，川の傍に自噴の地下水を利用してトミヨの繁殖池「ハリンコの池」が作られている。また，上流部の滞砂した箇所にはコカナダモが少し生え，北陸本線より下流側には，ナガエミクリが繁茂している。

8.6　手取川流域の自然資源環境の変化と課題

8.6.1　手取川流域の農林業者数の減少

　白山市鳥越から 6km 離れた図-5 の五十谷町は，1960 年まで木材業・薪炭で栄え，八幡神社と約 30 戸の集落があった。燃料革命以後，村人は，後世の資産になることを期待して棚田に杉を植えて離村した。村を守る篤農家は，山間に散在する離村者の水田を集めて圃場整備し，3 町歩の大区画にした[25]。1981 年には 2 戸，2013 年には能登から来た蕎麦屋だけで，写真-1 の樹齢 1,230 年の大杉と神社，墓石が往時

写真-1　五十谷町大杉(樹齢 1,230 年)

106

の賑わいを物語っている。手取川流域における人口数，総農家数，林業経営体数[14]は，それぞれ，1970 年に 11.7 万人，10,750 戸， 2,983 件から 2000 年に 20.3 万人，4,913 戸，1,253 件，2010 年に 21.4 万人，3,125 戸，153 件と人口増加したが，農家数が減り，林業専業労働者数も**図-9** のように激減している。

8.6.2 扇状地の地下水の課題

(1) 手取川扇状地の地下水　　　扇状地では，鶴来の白山頭首工より取水された水が，七ヶ用水の七本の幹線水路→支線水路→末端用水路によって各々の水田に配分される。毎年灌漑が始まると，**図-5** の扇頂に近い安吉，扇端の太平寺，末広の各地点では，**図-11** に示すとおり地下水位が急上昇する。扇状地の地下水の年間揚水量[23)]は，1974 年の 85 百万 m^3/年から 1992 年の 128 百万 m^3/年に増え，その後，**図-12** に示すように漸減している。扇状地の水田作付面積は，**図-11** に示すとおり 1974 年からの水田作付面積の減少に伴って地下水位が低下傾向を示し，変動幅も狭まっている。2000 年頃から水田面積の減少が収まると，揚水量の減少と相まって地下水低下も収まっている。水田作付面積の減少は，地下水涵養域の減少で，2009 年の水田面積は 1974 年に比べ 42%減少している。

七ヶ用水の灌漑システムは，農民の 2,970 円／10a の賦課金[26)]，土地改良区による施設管理，農民の稲作活動によって稼働し，その結果として地下水が保全されている。

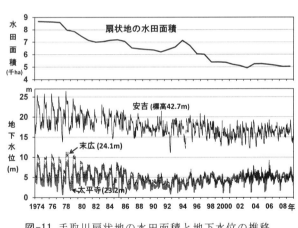

図-11　手取川扇状地の水田面積と地下水位の推移

(2) 地下水利用事業者の責務　　　地下水には，水質汚濁防止法等の個別の問題を扱う法律[27)]があるが，2014 年に包括的に扱う水循環基本法が制定された。手取川の地下水は，流域の水循環と扇状地の農民らによる灌漑システムの稼働

と集落排水施設の整備等に
よって水量・水質が安定的に
維持されているため，地下水
を揚水箇所の土地所有者の
私水とするのは無理がある。
図-12 に示すように，工業・
水道用水は，揚水量の91%を
占め，最も恩恵を受けてい

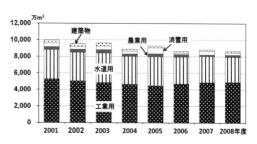

図-12　手取川扇状地の用途別地下水揚水量

る。地下水は，流域構成員の共有財産で，構成員は健全な水循環を保全する責
務を有し[27]ており，特に91%も占有する工業・水道用水の利用事業者・受益者の
責任は大きい。

8.7　人口減少社会の自然資源を取り巻く環境変化

8.7.1　森林の飽和と質の低下

　1941年から大戦中の軍需用，戦後の復興需要，朝鮮特需によって山林は過伐
状態となった。1951年から伐採跡地，里山や奥山の天然林までが人工林に置き
換える拡大造林政策が実施されたが，1955年からの高度経済成長期の木材不足
から1963年には外材輸入が自由化された。このため，外材流入が急増して木材
価格が低迷し，木材産業集積地の解体，専業林家の激減，山村の過疎化等，山
村の崩壊に拍車をかけた。現在では，拡大造林によって林齢50年を超える林分
が出現し，森林飽和[28]にある。日本の森林は，拡大造林後，量的に回復したが，
間伐遅れから下草が成長せず，檜の一斉林では地表が裸地化して表面浸食が容
易に起き，土砂災害等を起こす。今では，森林の質的な問題が起きている[29]。

8.7.2　農林業従事者の減少

　消滅集落跡地の資源管理状況調査[30,31]によると，元住民による土地の管理と放
置の割合は，それぞれ2006年時点で森林・林地の39%，36%，農地田・畑の39%，
45%であったものが，2010年時点で森林・林地の42%，46%，農地田・畑の47%，
50%となり，森林・林地，農地ともに放置が増えている。次の高齢世代者も減少
しているため，元住民による管理も危うい。消滅集落の道路・農道，水路・河

川管理の約半分は，行政の管理である。地方では，地域経済が縮小して自治体の財政基盤が一層弱体化し，資源管理や国土保全は粗放化する。

8.7.3 農林業の経営規模拡大

戦前の大地主と大多数の小作人体制が，戦後の農地解放によって大多数の自作農になった。今世紀になると，農業者の高齢化・退場と後継者難に伴って耕作の受託・委託が進み，漸く大多数の小地主と少数の大規模経営体に集約され，20ha 以上の農業経営体が耕作する面積の割合は，2010 年時点で 32％を占める[31]。また耕作放棄地は，2010 年で 39.6 万 ha[32]である。安部政権は，2018 年に減反政策を廃止し，林農水相[33]は「農業の活性化のため規模の大きく強い農業経営を進めるとともに，多面的機能の維持確保も図る」と述べた。一方，保有山林面積が 10ha 以上の林家は，10.7 万戸で林家の約 1 割であるが，保有山林面積301 万 ha を占め[33]，国有・公有林と合わせて森林面積の 53％を占める。

今後，大規模経営体への農林地の集積が加速する一方，条件不利の中山間地域は見放されることになろう。

8.7.4 農業水利施設・国土基盤の維持管理体制

高度経済成長期を経て建設・整備された基幹的農業水利施設[34]は，毎年約500施設が耐用年数を超過し，末端用排水路等も整備後40年を経過したものが水田25％，畑18％で，今後その割合は増加する。施設の機能維持の修繕費負担が増大し，施設の保全管理費と併せて，今後の大規模経営体への負担が集中することになる。

国土の長期展望[35]では，人口が東京圏等に集中する一方，農村部は疎になり，人口密度51人/km²以下の過疎地の人口が現在の半分以下，居住地の2割は居住者がいなくなる，とされている。国土基盤ストックが老朽化して維持管理・更新費は，2030年頃には2010年の2倍に増え，地方では 1 人当たりの費用が著増する。維持管理を担う公務部門の人材も高齢化により減少する。

あとがき

手取川流域における水，森林，農地，生態系の自然資源量を現況の受益者の数で示すと，コメは47万人，水道水は96万人で，流域人口21.4万人に比べて，多く

を流域外に供給している。森林域の炭素吸収量は，年間約50万人分の呼気排出量に相当し，流域人口の2.3倍である。手取川流域の自然資源は，農林業の生産活動を通して，流域内外の人々に多くの便益を提供している。

2040年の人口推計[36]によると，全国1,800市区町村のほぼ半数が消滅するという。地域の雇用・活性化には，自然資源に働きかけて新しい機能価値を創り出すイノベーションとそのビジネスモデルが必要である。

引 用 文 献

1) 矢野恒太記念会：数字でみる日本の100年改訂第6版 (2013)
2) 日本学術会議：地球環境・人間生活にかかわる農業及び森林の多面的な機能の評価について (2001), http://www.scj.go.jp/ja/info/kohyo/pdf/shimon-18-1.pdf (参照：2012年7月2日)
3) 文部科学省科学技術・学術審議会資源調査分科会：新時代の自然資源論，クバプロ，pp.17〜21 (2010)
4) フィリップ・コトラー：私の履歴書，日経新聞，12月1日朝刊 (2013)
5) 早瀬吉雄：手取川流域における自然資源の機能評価と環境の変化，水土の知，82 (10) pp.7〜10 (2014)
6) 立花義裕：気候系の hot spot：熱帯と寒帯が近接するモンスーンアジアの大気海洋結合変動，三重大学院生物資源学研究科紀要 , 37, 61-69 (2011)
7) Minobe. S., A.Kuwano - Yoshida A., N.Komori, S.-P.Xie, R. J. Small : Influence of the Gulf Stream on the troposphere. Nature, 452, 206-209 (2008).
8) 二宮洸三：日本海の気象と降雪，成山堂書店 (2008).
9) 槌田　敦：熱学外論，朝倉書店 (1992)
10) 室田　武：エネルギーとエントロピーの経済学，東洋経済新報社 (1979)
11) 農業総合研究所：代替法による農業・農村の公益的機能評価，農業総合研究，52 (4)，pp. 113〜138 (1998)
12) 吉田謙太郎，木下順子，合田素行：CVM による全国農林地の公益的機能評価，農業総合研究，51 (1)，pp.1〜57 (1997)
13) ジョエル・E・コーエン：新「人口論」生態学的アプローチ，農山漁村文化協会 (1998)
14) 石川県：石川県統計書 1974〜2009 (1975〜2011)
15) 田野信博：GIS を利用した手取川扇状地の土地利用に関する調査研究，農業用水を核とした健全な水循環に関する研究，石川県立大学，pp.64〜71 (2010)
16) 石川県：加賀地域森林計画書(2006), http://www.pref.ishikawa.lg.jp/shinrin/kikaku/ tiikisinrinkeikaku/documents/h18kaga_juritu.pdf (参照：2012年7月1日)
17) 森林総合研究所：http://www.ffpri.affrc.go.jp/research/dept/22climate/ kyuushuuryou/ index.html, (参照：2012年7月1日)
18) 温室効果ガスインベントリオフィス(GIO)：日本国温室効果ガスインベントリ報告書，pp.7-4〜7-25 (2009)

19) 農林水産省：こどもそうだん，http://www.maff.go.jp/j/heya/kodomo_sodan/0405/05.html (参照：2012 年 7 月 2 日)

20) 矢野恒太記念会：データで見る県勢 2007 年版 （2006)

21) 電力中央研究所：電源別のライフサイクル CO2 排出量を評価，電中研ニュース 486 (2010)

22) 石川県企業局：水質試験年報 22 (2010)

23) 石川県，金沢市，七尾市：石川県地下水保全対策調査報告書 1974〜2008 (1976〜2010)

24) 早瀬吉雄：白山が育み，森が磨いた水，石川県自治と教育 680，pp.9〜28(2014)

25) 加藤秀俊：燃料革命とその後石川県石川郡鳥越村，文芸春秋 2 月号，pp.358〜367 (1981)

26) 手取川七ヶ用水土地改良区：http://www.shichika.or.jp/outline/index.html (参照：2013 年 6 月 10 日)

27) 西垣　誠，共生型地下水技術活用研究会：都市における地下水利用の基本的考え方，p.5 (2007)

28) 太田猛彦：森林飽和国土の変貌を考える，NHK ブックス （2012)

29) 国土交通省：国土形成計画策定のための集落の状況に関する現況把握調査(図表編)，pp.1〜22 (2007)

30) 総務省：過疎地域等における集落の状況に関する現況把握調査報告書，http://www.soumu.go.jp/ main_content/000113146.pdf (2011)

31) 農林水産省：平成 24 年度食料・農業・農村白書 (2013)

32) 農林水産省：耕作放棄地の現状について，p.3 (2011)

33) 農林水産省：25 年 11 月 26 日大臣記者会見概要，http://www.maff.go.jp/j/press-conf/min/131126.html (2013)

34) 農林水産省農村振興局：基幹的農業水利施設の保全等に係る課題，https://www.maff.go.jp/j/council/seisaku/nousin/bukai/h24_4/pdf/data1-6.pdf (参照：2014 年 5 月 16 日)

35) 国土審議会政策部会長期展望委：国土の長期展望，pp.1〜25 (2013)

36) 日本創成会議・人口減少問題検討分科会：ストップ少子化・地方元気戦略，http://www.policycouncil.jp/ (参照：2014 年 5 月 16 日)

9. 自然資源の共通価値創造による 水と緑のイノベーション

まえがき

　岐阜・富山県の飛越山地から流れる庄川の水は，用水合口堰で取水され，砺波扇状地に豊かな実りと人々の経済活動と生活を支えてきた。しかし，経済のグローバル化によって地方経済が縮小し，若者は，教育や雇用の機会を求めて都市圏に出ていく。高齢農業者の廃業，土地持ち非農家の増加により，先人からの賜物，水土里資源の要である合口堰と砺波疏水群の持続性が危うい。安倍政権は，日本再興戦略[1]で農業の大規模化，輸出産業化による地方創生を唱えている。2008 年に環境省[2]は，世界全体の温室効果ガス排出量を 2050 年までに現状の 50%減にする長期目標を提案したが，原発事故で頓挫している。欧州連合[3]は，2050 年までに 10 年比で少なくとも 60%減らすという。

　ここでは，飛越山地から流れる庄川流域を対象に，自然資源の利用放棄が深刻化する農業地域の活性化を図るため，自然資源による農林業生産だけでなく，自然資源が持つ機能に積極的に働きかける低炭素化等の活動，すなわち社会的価値と経済的価値の共通価値を同時に創り出すこと CSV（Creating Shared Value）によって，持続可能性重視の社会づくりを目指すソリューション，水と緑のイノベーションを提案[4,5]する。なお，庄川扇状地は，高岡市，小矢部市，砺波市，南砺市を合わせた地域とする。

9.1　水循環を支える庄川沿岸用水システム

　庄川扇状地では，加賀藩主前田利長の松川除による河筋固定から農業用水，農地開発が始まった。庄川扇状地の用水取水源となる小牧ダムは 1930 年に，庄川沿岸用水合口堰は 1943 年に完工し，藩政期に造られた両岸の 12 ヶ所の取水堰

が合口された。合口事業の
灌漑排水区分事業費の地
元負担[6]は，32%であった。
戦後の灌漑排水事業によ
って，藩政期に扇状地の旧
河道に開削された用水排
水路網が順次再整備され，
同時に圃場整備による区
画規模の拡大と用排水の
分離が進められた。現在の
砺波平野には，**図-1** に示
すように，用排水路群が網
目のように流れている。合
口堰の水利権水量[6]は，代
掻き期が 71m^3/s，常時最大
57m^3/s，非灌漑期 20m^3/s で
ある。

図-1 庄川扇状地と庄川沿岸用水の概要

9.2 社会環境のパラダイム変化

9.2.1 砺波扇状地域における人口減少

砺波扇状地の人口は，1925年25.4万人，1985年33.6万人に増加し，2015年30.0
万人，2040年22.6万人に減少する。南砺市は，1925年6.6万人から1950年8.1万人
に急増したが，1990年から大正時代より減り始めた。

9.2.2 老朽化する生産基盤・生活基盤のインフラ

1585年の天正大地震で，現在の合口堰付近で山崩れが起き，庄川が堰き止め
られた[6]。大蔵省令では，水道用ダムの減価償却資産の耐用年数は80年である。
すでに1934年に造られた巨椋池排水機場[7]は，堤防決壊時に重大災害になるた
め，2007年に新排水機場が建設された。これらから合口堰は，既に80年を経過
し，根本的な改修に迫られている。集落排水・公共下水道は，1989年頃から供

113

用されたが，耐用年数[8]は，管渠50年，処理場23年である。高度成長期に建設された生産基盤・生活基盤インフラが老朽化し，更新時期を迎えている。

9.2.3 農業担い手の集中化

　庄川扇状地の全農地面積は，1980 年 2.5 万 ha から 2010 年には 2.1 万 ha に減少し，2010 年の水田面積は 1.5 万 ha，土地改良区組合員数は 2.9 万人である。農林業センサス[9)~11)]から農家経営形態の推移を見ると，自給的農家戸数は，2000 年 2,326 戸，2005 年 2,557 戸，2010 年 2,349 戸と変わらないが，販売農家戸数は，2000 年 12,951 戸，2005 年 10,296 戸，2010 年 7,100 戸と減少し，土地持ち非農家戸数は，2005 年 9,291 戸，2010 年 12,182 戸と大きく増えた。庄川扇状地では，1983 年頃から集落営農が離農した耕作地の受け皿となり，2010 年に 318 の集落営農は，離農した農家 9,817 戸から 8,485ha を集積し，集落営農は平均 26.7ha に拡大した。全集落の 87%では，集落営農が一つである。2012 年の水路・農道などの保全管理作業の参加者[12)]は，6,861 人で，内 4,007 人（58%）が非農業者である。

9.3　砺波扇状地の強み・・・水環境の良さ

9.3.1　砺波扇状地の水収支

　北陸の冬季は，大陸からの寒冷気団が対馬暖流から大量の顕熱と水蒸気を受けて温湿な気団に変質し，積雲対流及び脊梁山脈による地形性上昇によって大量の雨・雪を降らせる。日本の 24 都市における過去 30 年間の平均年降水量は，1,698mm で，金沢 2,399mm が最大で，富山 2,300mm，

図-2　灌漑期 4～9 月の流域水収支

114

福井 2,238mm の順になる。北陸は全国的にも水資源が豊かである。北陸整備局が水循環モデルを用いて 1998〜2003 年間における庄川扇状地の水収支の検討結果[13]では，灌漑期4〜9月の水収支は，**図-2** である。扇状地帯水層への地下水涵養量は，①降水量−②蒸発量−③河川流出量＋④合口堰取水の水田灌漑水＋⑤庄川の伏没量から，45.7m³/s となる。同様に，地下水涵養量は，非灌漑期10〜11月では24.7m³/s，降雪期12〜3月では27.8m³/s となる。4〜9月の地下水涵養量は，10〜11月よりも約20m³/s 大きく，水田灌漑による効果と言える。地下水揚水量は，4〜11月が 2.0m³/s，12〜3月は 4.0m³/s で，消雪用揚水が増える。

9.3.2 飛越の山々が育み，森が磨いた水

利賀川ダム工事事務所の観測した利賀川細島と小牧ダムの2008〜2010年の硝酸態窒素NO₃-Nを**図-3**に示す。融雪初期3〜4月頃には，積雪中の窒素分が集中的に流出するため濃度が高い。晩秋，長雨によって森林土壌層の窒素分が掃流されて流出し，河水濃度が高くなる。富山県環境科学センターが計測した降水中の窒素濃度[14]は，立山地点(1,180m)で0.32mg/L，射水地点(20m)で0.59mg/Lで，飛越山地の森林によって窒素が吸収されるため，庄川の水は約0.2mg/Lと少ない。2009年6月3日における小牧ダム流入量75.8m³/sは，低水流量74 m³/sより多く，流域全体の全窒素，全リンを**図-4**に示す。なお，2009年8月19日の値は，5.4.1の**図-8**に示した。

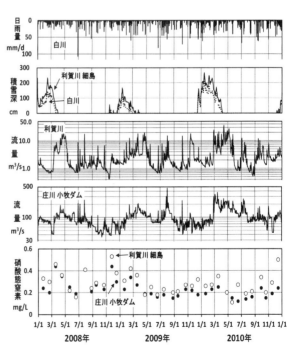

図-3　利賀川と庄川小牧ダムの硝酸態窒素濃度

115

9.4 自然資源のマーケティング戦略

9.4.1 マーケティング戦略の変化

コトラー[15]は，次のように言う。消費者は，商品を値段だけから機能的価値で選び，さらに，精神的な満足，感性的価値で選ぶ時代に移行していく。彼らは，雇用，環境など社会的不安の解消を社会的大義として掲げ，企業活動の中に組み込んで解決してくれる企業に関心を持つ。さらに，マイケル・ポーター[16,17]は，社会的ニーズを満たす製品やサービスを提供することが新たな経済活動をもたらし，社会的価値と経済的価値の共通価値を同時に創り出すことを唱えた。それは，ネスレ[18]などの企業などで実践されている。

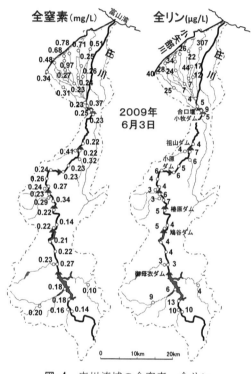

図-4　庄川流域の全窒素，全リン

9.4.2 農業経営から流域環境管理の担い手へ

平地・低平地域では大規模経営体に農地集積される。戦後に創られた自作農と違って，大規模経営体は，経営面積が大きいので，場所によっては，後述の9.6に示す流域環境管理組織の共通価値創造の活動に参加する。一方，中山間地の棚田地は，整備困難地を林地に戻し，里山の森林と合わせて森林施業管理でカーボン オフセットを行い，農林複合に特化して経営の安定化を図る方策が考え

116

られる。

9.5 イノベーションの前進：消費者との絆

9.5.1 受益企業・大規模経営体の市場戦略
　大流域の扇状地で地下水利用をしている企業群，水道事業者は，「山・川の恵みを守る」というミッションを掲げ，その実現のため，流域環境管理組織に地下水利用量に応じた環境負担金を払うとともに，自社のカーボン オフセット等の作業を委託する。棚田域の大規模経営体は，委託された環境管理作業を自らの里山森林で行う。環境重視の消費者は，流域環境に貢献している企業の商品や大規模経営体の農産物を購入することで活動を支援する。環境活動で負荷吸収量を増やせば，彼らとの絆が強まる。企業群及び大規模経営体は，「地産地消」より積極的な社会的責任を果たすことで「究極の差別化」ができる。

9.5.2 SNS 活用による流域環境サポーターとの協働
　環境管理活動の可視化は，重要な課題である。都市で活動する環境重視の消費者には，エコやロハスな生活はできても，日常的に自然環境活動に参加する機会はない。流域環境管理組織は，SNS(Social Networking Service)のネットワーク上にコミュニティを開設する[19]。都市の彼らが，コミュニティに登場，自ら環境活動に参加して，集合知として流域の環境価値を創り出す。自分の呼気の CO_2 オフセットに里山の森を勧める。図-5 のように，木に番号を付け，「A（1253）さんの CO_2 を吸収する木」として現実感を持たせ，年に数回，森林の下草刈りの作業への参加を促せば，彼らはツーリング行動を起こす。5.5 で検討しているように，庄川扇状地の湧水域では，トミヨ・梅花藻などの水生生態系が保全されているので，里親として活動にも参加を呼びかける。彼らからも環境管理の提言を受け，利害関係者で

図-5　東京 A（1253）さんの
CO_2 を吸収する木

協働する流域環境サポーター戦略が，顧客との絆を深め，さらに，流域環境を守るという価値観を広めて，数多くの環境伝道師[20]を生み出す。

9.5.3 平成生まれの若者

核家族で兄弟の少ない平成の若者は，物的豊かさの中で子守り役のテレビ等によって，「自分らしさ」を植え付けられて育った。就業[21]では，昭和の若者は会社の将来性で選び，平成の若者は，自分の能力，個性が活かせることで選ぶ。2010年代以降，団塊世代の大量退職，少子化による新規就労若年層の減少によって，人手不足は農林水産業，建設産業にも及ぶ。今後，基幹的農業従事者が90万人を，若者の新規就農者を毎年2万人程度確保していく必要[22]があるが，低炭素化の活動による地球環境への貢献，この価値観こそが若者に相応しく，流域環境管理の担い手は，自己の個性を輝かせる職と言えよう。

9.6 水土里資源の共通価値創造の体制整備

9.2の検討から，今後の人口の減少，非農家の増加によって生産・生活基盤の維持管理が困難になる。2010年で扇状地水田の58%を耕作している集落営農は，共通価値の創造を担い，新たな価値を探る。次に，著者の共通価値創造の構想を記述する。

9.6.1 共通価値創造の組織体制

水土里資源を用いた温暖化対策などの基本計画は，国と県で策定し，基礎的費用には炭素税を充てる。この基本計画に従って，図-6に示すように，庄川流域の市町村，土地改良区，大規模経営体と企業の代表者と協議して流域環境管理

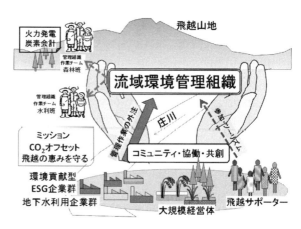

図-6 流域環境管理組織のイメージ

118

組織を立ち上げ，流域の環境管理計画と作業計画を作る。企業活動が求めるカーボン オフセット，ニュートラルなどの要求も実施する。管理作業実務は，土地改良区などが主体となり，農地，里山林地については，当該の大規模経営体に作業委託をする。

9.6.2 水循環の持続可能性

　水循環で供給される河川水，地下水は，水量，水質，熱源，水力などの利用が考えられるが，何れも水循環の持続可能が前提である。上中流域では適切な森林施業によって水源涵養機能が発揮され，扇状地では農業用水システムが機能していることである。非営利の土地改良区は，水循環の持続可能性を保全するための費用負担を，広く事業受益者に求める。

9.6.3 地下水の水利権

　今も地下水の利用に関する包括的な法律はないが，水循環基本法が制定された。9.3.1に示したように，扇状地地下水の涵養は，流域の水循環と水田灌漑によることから，地下水は揚水箇所の土地所有者の私水ではない。地下水の価値創造には，地下水涵養に携わる者にも一定程度の便益を認めることが基本となる。

9.7　共通価値の戦略による地方創生

　表-1に示す水土里資源の価値要素は，それらが農業生産活動に伴って多面的機能，すなわち社会的責任を発揮している。水土里資源の価値要素を組み合わせて造られる共通価値を右端の欄に示す。

9.7.1 温暖化被害に対応する適応策—流域治水—

表-1　庄川扇状地の共通価値の創造

水土里資源	多面的機能	共通価値の創造(CSV)
合口堰・疏水	食料供給，農村景観	洪水調節，地下水涵養
疏水の流水	生態系保全，水質浄化	小水力発電，良食味米
扇状地水田域	雨水貯留，地下水涵養	洪水調節，地下水涵養域
扇状地地下水	上工水源	熱源利用，美味しい水
散居・里山村	地域社会の形成・維持	健康寿命
世界遺産の森		森林施業，CO_2オフセット

(1)温暖化の影響　　　環境省[23]は，地球温暖化に有効な対策を取らないと，今世紀末に全国で，年平均気温が 4.4℃上昇し，真夏日が増え，大雨の日降水量が3〜5 割増加，熱帯のようになる。国土交通省[24]では，地球温暖化に伴い，水害等の災害リスクの増大懸念を指摘し，農村振興局の検討会[25]では，温暖化の防止や適応するための貢献策として，農地，農業用水，土地改良施設を従来の農業生産活動の範疇を超えて活用を図るという。

(2)扇状地の農地防災事業　　　扇状地では，農地防災事業として 15 年に 1 回の確率降雨（日雨量 145.3mm，最大時間雨量 44.5mm/hr）を対象に，**図-1** に示す箇所に洪水調整地などが造られたが，超過洪水時には防ぐことができない。大規模経営体では，湛水による減収損失などが炭素税で補償されるならば，水田域に強制的に雨水を溜めて流出を抑制し，低平な水田域に強制的に氾濫湛水させることで，下流域の治水安全度を高めることができる。

9.7.2 温暖化ガスの排出量を減らす緩和策

(1)地下水の熱的利用　　　図-7 に示すように，扇状地では，庄川の清流水を，扇頂部にある休耕田や冬期堪水田に入れるなど，地下水涵養を行う。水温約15℃の地下水は，ヒートポンプ技術で，冬季に暖房，夏季に冷房の熱源となる。深井戸から揚水した水は，パイプ管を通して熱交換した後，浅井戸で戻すか，工場用水，家庭用水に回す。消費電力量の大きい給湯水源に井戸水を利用すれば年間を通じて節電となる。役所，学校，大型店舗などの大口需要家で利用する。都市部では，冬季の融雪散水装置を夏の日中時に稼働，地下水をビル街の路上や屋上で散水・散霧すれば，節電・CO_2 削減になる。

図-7 地下水のバリューチェーン

(2)世界遺産の森で CO_2 ツーリズム　　　庄川扇状地の山地には拡大造林による杉林が 1.8 万 ha[9]あり，現在，伐採齢期が 1.1 万 ha である。石川県の杉蓄積増分表[5]を用いて求めた杉林の年間炭素吸収量は，2000 年の 5.8 万 t-C が 2040

年には高齢林化し，39%減少する。杉林の CO_2 吸収と水源涵養の保全には，伐採・植林・間伐の施業管理が必要で，2010 年の森林経営体 216 を増やして林業の再生を図る。

(3) 小水力発電のポテンシャル　　瀧本[26]の低流量・低落差でも稼働するマイクロ水力発電機を，例えば，手取川扇状地の農業水路の落差工 620 箇所に付けると，灌漑期 1.5 万 KW，非灌漑期 6 千 KW，一般家庭約 2 千戸の電力が得られる。

(4) 太陽光発電，風力発電，木質バイオマス発電　　中山間地等の耕作放棄地で太陽光発電・風力発電を行えば，即 CO_2 削減になる。大手の製紙・住宅企業は，間伐材のほか林地残材，河川流木などを原燃料とし，大規模な木質バイオマス発電を始める。里山の間伐材処理等は，森林産業の復活に寄与する。

9.7.3 水質での価値創造

(1) 良食味米の生産　　田中[27]は，良質米生産には，登熟期の日照と気温の差と，出穂頃に行う追肥の窒素抑制栽培によりコメの蛋白含量を減らすことが重要であるという。追肥の窒素抑制栽培を行うには，灌漑用水自体の $NO_3\text{-}N$ 濃度が低い必要があるが，9.3.2 に示したように新潟県魚沼川と同様に低い。

(2) 美味しい水　　河川水源の上水は，浄水場の沈澱・濾過槽を通過する間に塩素で消毒されるため，上水はカルキ臭く，不味い水となる。一方，扇状地の地下水は，黒部川扇状地の地下水[14]と同様に，飛越の山々の地層を通って流出した水が灌漑によって扇状地の地層を再度通るため，ミネラル分である硬度が約 70 に増える。地下水は，帯水層を長時間かけて浸透濾過されるため，安全安心で美味しい水となる。アジアの国々に天然水として販売する。

9.7.4 炭素会計の地域間連結

　庄川の水力発電量 69.72 万 KW は，関西に送られる。関西の火力発電所の排出する炭素量を，庄川流域の森林施業でオフセットすれば，南砺市で 2000 年に 124 人まで減った林業専業労働者の雇用増加と森林の水資源涵養機能の増進が可能となり，上述の火力発電所の炭素会計にオフセット量が計上できる。

あとがき

砺波平野の地方創生として，庄川扇状地の水土里資源に働きかけて共通価値と雇用機会の創出する方法を提案した。水環境の良い庄川流域は，低炭素化社会のシャングリラ（理想郷）である。本論は，石川県立大学大学院の「生物資源環境地域ビジネス論」を分担した講義内容を基に，これまでの自然資源観に「低炭素化の社会づくり」の新しい価値を見出し，雇用の創出に繋ぐことを提案した。

引　用　文　献

1) 首相官邸：「日本再興戦略」改訂 2014 (2014), http://www.kantei.go.jp/jp/singi/keizaisaisei/pdf/honbunJP.pdf (参照：2014 年 7 月 6 日)
2) 環境省：低炭素社会づくり行動計画 (2008) ,http://www.env.go.jp/press/files/jp/11912.pdf (参照：2015 年 2 月 20 日)
3) 日本経済新聞 ： EU，温暖化ガス 6 割削減 2 月 25 日朝刊 (2015)
4) 早瀬吉雄：水土里資源の共通価値創造による庄川扇状地の地方創生，水土の知，83 (5), pp.41〜44 (2015)
5) 早瀬吉雄：自然資源の環境機能に働きかける水と緑のイノベーション，水土の知，82 (12), pp.27〜30 (2014)
6) 庄川沿岸用水歴史冊子編さん委員会：砺波平野疏水群庄川沿岸用水 (2009)
7) 近畿農政局：夢よ咲け巨椋池 , http://www.maff.go.jp/kinki/seibi/ oguraike/sitemap/index.html (参照：2014 年 10 月 20 日)
8) 環境省大臣官房:生活排水処理施設整備計画策定マニュアル (2002)
9) 農林統計協会：2000 年世界農林業センサス 富山県統計書 (2002)
10) 農林統計協会：2005 年農林業センサス 富山県統計書 (2007)
11) 農林統計協会：2010 年世界農林業センサス 富山県統計書 (2012)
12) 北陸農政局：庄川左岸農地防災事業所，http://www.maff.go.jp/hokuriku/kokuei/syogawa/ (参照：2014 年 6 月 20 日)
13) 庄川扇状地水環境検討委員会：流域における健全な水環境の構築に向けて，総括報告書概要版,(2004) ,http://www.hrr.mlit.go.jp/ toyama/k004211.html (参照：2014 年 6 月 20 日)
14) 早瀬吉雄，瀧本裕士：黒部川流域の水循環に伴う窒素循環の機能解明，水文水資源学会誌，26 (6), pp.285〜294 (2013).
15) コトラー P.：コトラーのマーケティング 3.0 ソーシャル・メディア時代の新法則，朝日新聞出版 (2010).
16) Porter, Michael E., and M. R. Kramer. : The Big Idea: Creating Shared Value. Harvard Business Review, Jan.-Feb., pp. 1〜17 (2011)
17) ジョアン・マグレッタ：マイケル・ポーターの競争戦略，早川書房 (2012)
18) ネスレ：「共通価値の創造」と 2013 年私たちの責務と履行, http://www.nestle.co.jp /csv/reports (参照：2014 年 10 月 20 日)
19) フィリップ・コトラー：コトラーのマーケティング戦略 54.朝日新聞出版 (2011)

20) フィリップ・コトラー：コトラーのマーケティング 3.0,朝日新聞出版 (2010)
21) 日本生産性本部：平成 23 年度新入社員（2,154 人）の「働くことの意識」調査結果, (2011) , http://activity.jpc-net.jp/detail/lrw/activity001036/attached.pdf (参照：2014 年 10 月 20 日)
22) 農水省：平成 25 年農業白書，p.85 (2014)
23) 環境省：日本国内における気候変動による影響の評価のための気候変動予測について，(2014) http://www.env.go.jp/press/ file_view.php?serial=24576&hou_id=18230 (参照：2014 年 10 月 20 日)
24) 国土交通省：国土のグランドデザイン 2050 (2014) ,http://www.mlit.go.jp/common/001046889.pdf(参照：2014 年 6 月 20 日)
25) 農水省：農業農村整備における地球温暖化対応策のあり方 (2008),http://www.maff.go.jp/j/nousin/keityo/kikaku/pdf/data1-2.pdf (参照：2014 年 10 月 20 日)
26) 瀧本裕士：農業用水を利用したマイクロ水力発電，応用水文 25，報告編，pp.71 ～80 (2013)
27) 田中國介：京都の米　京の旨味を解剖する，人文書院，pp.149～189 (2004)

10. 気候変動に伴うオーストラリア米作地帯の水環境変化

まえがき

　八田与一[1]は，1910年にモンスーンアジアの台湾に渡り，不毛の嘉南平原を穀倉地帯に変えたことにより，今も彼の名声は高い。一方，高須賀 穣[2]が1906年に図-1の豪州に渡り，米作りを始めて110年が過ぎた。著者ら[3]は，1998年に当該地の持つ水田機能を調査報告した。今世紀なると，地球温暖化に伴う気候変動が意識されている。ここでは，豪州政府の公開資料を基に，マレー・ダーリング流域（以下，MDB）における米作地域の気候変動に伴う水循環の変化と近年の水環境を整理し，今後の課題を検討[4]する。

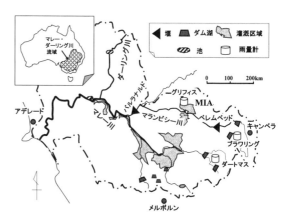

図-1　豪州マレー・ダーリング流域の概況

10.1　気候変動に伴うマレー流域の降雨変動

10.1.1　気候変動のメカニズム

　図-2(*a*)に示すように，太平洋熱帯域では，海面水温が平年より東部で高く西部で低くなると，通常は太平洋熱帯の西部で発生する活発な対流活動が，東に移動してエルニーニョ現象が起こる。タヒチとダーウインの地上気圧の差を指

124

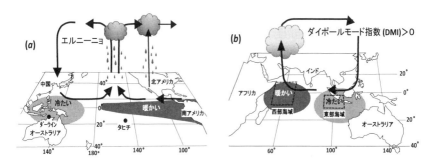

図-2 (*a*) エルニーニョ現象と(*b*)インド洋ダイポール現象による大気循環を示す図

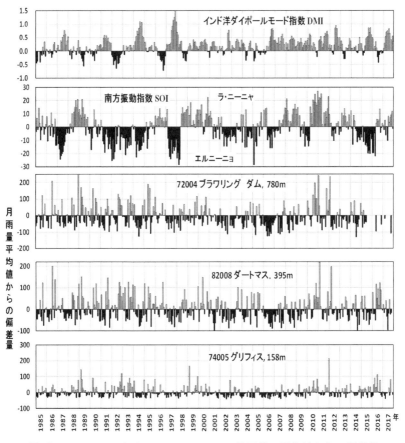

図-3 1985〜2017年までの SOI，DMI，月雨量の平均値からの偏差量

数化した南方振動指数（以下，SOI）が，SOI<-7でエルニーニョとなり，豪州は少雨となり，SOI>+7でラニーニャとなって多雨となる。一方，**図-2(b)**に示すように，インド洋熱帯域の海面水温が東部（90°E-110°E,10°S-EQの海域）で異常低下し,西部（50°E-70°E,10°S-10°Nの海域）で異常上昇して生じる気候変動が，正のインド洋ダイポール現象（以下，IOD）である。東部と西部の海水温が逆になって生じる気象変動が負の現象である。海面水温偏差の東西差を示すダイポールモード指数（以下，DMI）が0.5°以上で正,-0.5°以下で負のダイポールモード現象が出現する。

10.1.2 マレー川流域の月雨量変化

1985年から2017年までのSOI[5]，DMI[6]の指数と**図-1**に示すブラワリング，ダートマス，グリフィスにおける観測点の番号，標高及び各月雨量から130年間の平均月雨量[7]を引いた偏差量を**図-3**に示す。同図から1997年は，エルニーニョでDMIが正,雨量3観測点とも偏差が負になり，例年よりも少雨である。連邦気象局[8]では，例年を基準に月雨量を，観測史上最少，大きく下回る，下回る，例年程度，上回る，大きく上回る，観測史上最多の7段階で評価した。この降雨量評価およびIOD，エルニーニョ，ラニーニャの判定[8]から1985〜2017年の降雨は，**表-1**となる。1991〜1993年のエルニーニョでは，豪州東北部で少雨となり，**図-3**のマレー流域3測点は多雨であった。2002〜2003年には，エルニーニョが発生して降雨量は観測史上最少となり，全国的に大旱魃で農業生産高が

表-1 異常気象期間の降雨量の例年値との比較

期　　間	IOD	エルニーニョ	ラニーニャ
1987/10〜1988/3		下回る	
1988/4〜1989/7			大きく上回る
1991/11〜1992/4		下回る	
1993/7〜12			大きく上回る
1993/12〜1994/2			大きく上回る
1994/3〜12	正	大きく下回る	
1995/2〜4		大きく下回る	
1997/4〜1998/3	正	下回る	
1998/7〜9	負		大きく上回る
1999/10〜2000/3			大きく上回る
2002/3〜2003/1		観測史上最少	
2006/5〜12	正	大きく下回る	
2008/11〜12			上回る
2009/3〜10		下回る	
2010/6〜2011/3	負		観測史上最多
2011/10〜2012/3			大きく上回る
2015/9〜10	正	下回る	

24.7%減少し，ダム貯水量の回復が長期化した。2010年後半はラニーニャで，観測史上最大雨量となり，豪州東部で大水害となった。

10.2　マレー川の流況と水価の変動

MDBでは，10〜翌3月までが稲作期で，水年を7〜翌6月とし，以下，2007年7月〜2008年6月を2007/08年で表す。3〜9月の秋冬降雨が山地ダム群に貯留され，灌漑用水源となる。図-4に，2000年7月から2016年6月までのMDB[9]の(a)水価，(b)ダムの貯水量，前年の繰越水量，配分水量，(c)水田面積，(d)米生産費[10]，(e)水利権水量の配分比率[11]を示す。灌漑用水の水利権は，柑橘類の二年生以上の農作物に対して安定水利権を，一年生の農作物に対して普通水利権を充てている。表-1のように2002

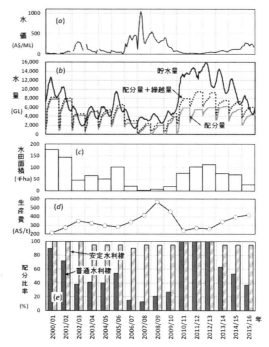

図-4　MDBの(a)水価，(b)ダム貯水量，繰越量，配分量，(c)耕作水田面積，(d)米生産費，(e)水利権水量の配分比率（2000年7月〜2016年6月）

年の観測史上最少の降雨量は，ダム貯水量と農業生産高の大きな減少をもたらした。2003/04，2004/05年もダム貯水量が回復せず，普通水利権の配分率が40%で，水田面積も回復していない。MDBの貯水量は2005/06年に一時回復したが，2007年4月に最低の1,284GLとなった。水価は，配分量が減少して，10月には1,000豪ドル/MLを超えた。配分比率は安定水利権95%，普通水利権13%に減少し，水田面積は僅かに2,200haとなり，2008/09年には生産費が566豪ドル/tに上昇した。

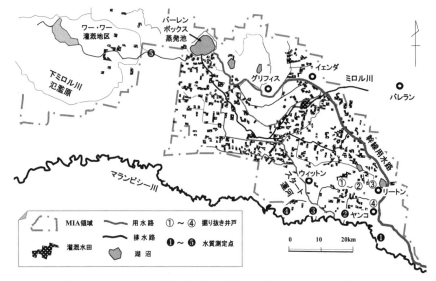

図-5 マランビシー灌漑地区の河川，用排水路，2012/13 年時の
水田，水質測定，掘抜き井戸の地点

2011/12年は，ラニーニャで多雨となり，貯水量が回復したが，2013/14年以降，
普通水利権の配分比率が下げられ，水田面積は2002年以前の半分である。

10.3　マランビジー灌漑域の用水利用変化

　図-1に示すマレー川の支流にあるマランビジー灌漑域（以下，MIA）は，66万
haである。農地は，1〜3年目が牧草地，4・5年目が水稲，6年目に小麦の有畜複
合型の輪作体系となっている。2012/13年には灌漑農地が17.34万ha，水田2.88万
haで，図-5に示すように散在している。東〜西方向の地形勾配は1/550である。
図-6(*a*)に示すように，グリフィスでは年蒸発量＞年雨量であり，農作物ごとの
用水供給量の推移[12)]は図-6 (*b*)である。2000/01年に5.30万haであった水田面積は，
前述の2002年の大旱魃によって2007/08年には76haに急減し，2010/11年には2.57
万haに回復したが，水消費量の少ないシリアル，柑橘類，綿花の農地が増えた。
2010/11年以降の水田面積は，図-4のMDBと同様に減少し，2017/18年2.06万haで
ある。水田域の年粗用水量は，980mm（2010/11年）〜1,350mm（2009/10年）である。

10.4 マランビジー灌漑域の水環境

10.4.1 MIAの塩分量収支

図-1のベレムベッド堰で取水されるMIAの用水は，後掲の図-7に示す塩分濃度で，図-5の幹線用水路から農地に灌漑され，排水路から地区外に排水される。表-2にMIAの塩分量収支を示す。地区内に，約5万t/年の塩が貯留されることになる。

10.4.2 地下水の塩分濃度

毎年9月にMIAの580か所で，地下水位と塩分の伝導度[12]が計測される。2016年では，地下水面が地表より2m以下の箇所は，測点の14%を占め，クロバー（牧草）の減収となる2,000μS/cm以上が54%である。図-5の①〜④に示す掘り

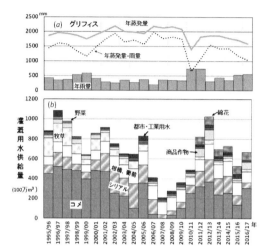

図-6 MIA の(a)雨量と蒸発量の関係，
(b)農作物の用水供給量の推移

表-2 MIA における塩分量収支

灌漑年	用水の塩分量(t)	排水の塩分量(t)	MIAの貯留塩分量(t)
2013/14	52,177	242	51,935
2014/15	58,858	96	58,762
2015/16	50,696	201	50,495
2016/17	44,625	34,230	10,395

表-3 図-5 に示す掘り抜き井戸の塩分濃度の推移

灌漑年	水田面積(万ha)	年雨量(mm)	用水量(GL)	掘り抜き井戸の塩分(μS/cm)			
				①Five Bridges	②Wamoon	③Gil Gil	④Yanco West
2006/07	0.21	195	41	1,380	1,046	2,623	2,603
2013/14	1.94	440	238	1,263	1,184	4,264	3,629
2014/15	2.11	349	255	1,026	947	3,629	3,081
2015/16	1.22	529	137	1,085	1,006	3,573	4,781
2016/17	2.74	556	304	1,125	1,085	3,985	3,535

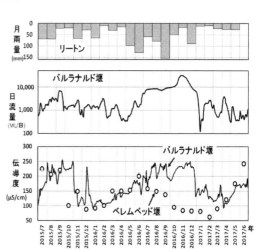

抜き井戸の伝導度は，**表-3**となり，①，②が低く，③，④が高い。航空写真では，リートンの東側にも広大な農地があり，地

表-4　図-5に示す排水路の水質調査地点の分析値

採水地点	2016/6/20〜6/24			2016/10/12〜12/17		
	E C (μS/cm)	T-N (mg/L)	T-P (mg/L)	E C (μS/cm)	T-N (mg/L)	T-P (mg/L)
❶ ROCUDG	99	1.2	0.17	287	1.3	0.42
❷ YMS	182	2.8	0.38	384	23.5	0.20
❸ GMSRR	90	1.4	0.34	239	2.2	0.21
❹ LAG	104	6.7	0.84	294	18.2	1.38
❺ MIRFLD	264	4.1	0.30	315	2.7	0.40

下帯水層もつながっている。図-5に示す排水路の黒印5か所における2016年の水質値を，表-4に示す。伝導率は，灌漑前6月は，200μS/cm以下で，図-7に示すMIAの元入れ用水となるベレムベッド堰の値と同程度であるが，農作物の成長盛んな10月には高くなる。図-5に示す❺は，下流のワーワー灌漑区や下ミロル川の氾濫原の用水であるので，700μS/cm以下が目標である。このため，灌漑農地域で揚水した地下水などの塩分を除去するため，図-5のミロル川下流部にある自然の湿地帯3,200haを，バーレン・ボックス蒸発池3) として造成し，2006年には3分割して機能改善を図っている。

10.4.3 排水路の全窒素，全リン

　表-4に示すように，リートン，ヤンコなどの都市活動の影響が加わって高い箇所がある。全窒素は，日本の農業用水水質基準値1.0mg/L よりも高い。

10.4.4 マランビジー川の河水塩分変化による検討

　図-1 に示すマランビジー川の下流点バルラナルド堰で流量，伝導度の測定値[13]がある。MIA の元坽で

図-7　マランビジー川のバルラナルドの流量とバルラナルド堰・ベレムベッド堰の伝導度

あるベレムベッド堰の用水の月平均の値を，**図-7** に示す。11〜翌6月の非灌漑期は，上下流測点とも近似した値で変化している。2016年7〜11月には，リートンの月雨量が示すように，マレー流域の上中流部の多雨によって，マランビジー川の流量が急増し，下流堰では翌3月まで伝導度の高い状態が続く。MIAや左岸の地下水帯から**表-3**の高濃度地下水が，地下浸透した雨水流によって押し出される。

10.5　地球温暖化による気候変動

10.5.1　政府間パネル（IPCC）第5次報告書
　地球上の地上気温と降水量の2100年までの変化を，大気中の温室効果ガス濃度やエーロゾル量の発生の経年変化過程（RCP）を設定し，気候モデルシミュレーションによって予測した。結果の2081〜2100年の変化分布図[14]から読み取ると，MDBでは，何も対策をしない最大の排出量の場合（RCP 8.5）には，地上気温が約4℃上昇し，年平均降水量が約15%減少する。2℃目標を達成する低い排出量の場合（RCP 2.6）でも，地上気温が1.5℃上昇し，降水量が10%弱減少するとしている。

10.5.2　MIAにおける観測雨量と2006/07年旱魃
　図-5のバレラン[7]（標高158m）では，1878/79年から144年間の平均年雨量値438.2mm，最少雨量値が1919/20年182.4mm，前述の2006/07年の246mmは観測史上少雨8位で，平均年雨量の56%である。ブラワリングダムでは平均値1,288mm，2006/07年591.7mmは観測史上少雨1位で，年平均雨量の46%である。マランビシー川の貯水量[9]は，2007年8月に12.4GLであった。RCP 8.5では，深刻な事態が想定されるが，今後の課題である。

あとがき

　高須賀 穣[2]の活動記録を，バレランの雨量記録を追いながら読むと，悪戦苦闘した彼の壮絶な人生が偲ばれる。MDBの塩は，古海洋堆積物が何百万年もの雨水と風化で形成された[15]。平坦な地形，少雨，厳しい乾燥によって，灌漑に

よる湛水は，過湿状態と塩性化現象を発現させる。マレー川下流では，アデレートの都市用水需要から800μS/cmが目標とした流域塩分管理戦略2030[15)]が策定される。

　将来の地球温暖化による影響の深刻度を思うと，地球上のアジアモンスーン域以外では，水田農業の持続性に疑問符がつく。古代メソポタミヤ文明の崩壊は，乾燥地の灌漑農業による塩害[16)]である。著者は，農業の持続性とは，その地の水文環境に順応することと考えている。

引 用 文 献

1) 金沢ふるさと偉人館：近代日本を支えた偉人たち【八田與一】，http://www.
   kanazawa-museum.jp/ijin/exhibit/05hatta.html (参照：2018 年 9 月 20 日)
2) 久保田満里子：高須賀　穣，https://collections.museumvictoria.com.au/content/
   media/48/948648.Pdf (参照：2018 年 9 月 20 日)
3) 早瀬吉雄，増本隆夫：豪州マレー流域における地域資源特性と水田域の機能，農
   業土木学会誌，66 (2) pp.21〜26 (1998)
4) 早瀬吉雄：気候変動に伴うオーストラリア米作地帯の水環境変化，水土の知，87
   (10) pp.33〜37 (2019)
5) Bureau of Meteorology, Australian Government：El Niño-Detailed Australian Analysis,
   http://www.bom.gov.au/climate/enso/enlist/index.shtml (参照：2018 年 9 月 20 日)
6) 海洋研究開発機構：低緯度域気候変動予測研究，http://www.jamstec.go.jp/
   frcgc/research/d1/iod/DATA/dmi.monthly.txt (参照：2018 年 9 月 20 日)
7) Bureau of Meteorology, Australian Government：Climate Data Online, http://www.
   bom.gov.au/climate/data/ (参照：2018 年 9 月 20 日)
8) Bureau of Meteorology, Australian Government：ENSO Wrap-Up, http://www.bom.
   gov.au/climate/enso/ (参照：2018 年 9 月 20 日)
9) Department of Agriculture and Water Resources,Australian Government ABARES：
   Australian Water Markets Report 2014-15(2016), https://www.mdba.gov.au/sites/
   default/files/pubs/ABARESwater-market-report-14-15.pdf (参照：2018 年 9 月 1 日)
10) Department of Agriculture, Australian Gavernment ABARES：Rural commodities - rice
   XLSX, http://www.agriculture.gov.au/abares/research-topics/agricultural- commodities
   /agricultural-commoditiestrade-data#2017 (参照：2018 年 9 月 1 日)
11) Department of Agriculture, Australian Government ABARES：Austral ian Water Markets
   Report 2015-16, http://www.agriculture.gov.au/abares/research-topics/water/aust-water-
   markets-reports/awmr-2015-16 (参照：2018 年 9 月 1 日)
12) Murrumbidgee Irrigation：Annual Compliance Report 2009〜2017,
   https://www.mirrigation.com.au/Environment/Annual-Compliance-Report (参照：2018
   年 9 月 1 日)
13) Australian Government MDBA：Balranald Weir downstream Murrumbidgee,
   https://riverdata.mdba.gov.au/balranald-weir-downstream (参照：2018 年 9 月 1 日)

14) IPCC：気候変動 2013 自然科学的根拠気候変動に関する政府間パネル第 5 次評価報告書第 1 作業部会報告書政策決定者向け要約（気象庁訳），p.20 (2014), https://www.ipcc.ch/site/assets/ uploads/2018/03/ar5-wg1-spmjapan.pdf（参照：2018 年 10 月 1 日）

15) Murray-Darling Basin Ministerial Council：Basin Salinity Management 2030 BSM2030 (2015)，https://www.mdba.gov.au/sites/default/files/pubs/D16-348 51-basin_salinity_management_strategy_BSM2030.pdf（参照：2018 年 10 月 1 日）

16) 中島健一：河川文明の生態史観，校倉書房（1977）

11. タイ国チャオプラヤ川中流域の氾濫解析

まえがき

　タイ国チャオプラヤ川流域では，1980 年代以降の急激な経済発展による水需要の増加に加え，上流域での農業開発・森林域の減少，年降雨量の減少傾向などによって，上流ダム群への流入量の減少が見られ，下流デルタでの乾期の稲作の中止など，深刻な水不足問題が生じている。一方，1995 年 8〜9 月に台風が北部タイに来襲したため，上流からの洪水は氾濫湛水を伴いながらゆっくりと南下し，10 月下旬にはバンコク市の洪水被害だけは免れたものの，チャオプラヤ川右岸域などが大きく湛水した。このように，農地だけでなく商業・住宅地も湛水し，数ヶ月に渡って国民の日常生活・生産活動が停止し，大きな被害を受けた。

　ここでは，チャオプラヤ川流域における水文環境について考察し，上中流域の低水・洪水流出をモデル化して解析を行い，その流出特性を検討[1〜4]した。

11.1　チャオプラヤ川流域の水文環境

11.1.1 東南アジアの気象・水文条件

　東南アジアは，南にインド洋，北には対流圏の 1/3 以上の高さをもつ広大なチベット・ヒマヤラ山塊の間に位置するため，夏には，この山塊を熱源，赤道の海を冷源とする大気の垂直循環が形成される。チベット高原の少し南側上空に熱的に形成された上層高気圧は，赤道側に向かう偏東風ジェット気流と下層の低気圧を誘発する。この低気圧に向かって赤道側から流入する湿った大気がいわゆる南西モンスーンで，偏東風の補償流である。この大気が上昇して雲を

作るときに放出される潜熱と山塊が太陽から受けて放出する熱が，この循環の駆動力となる。ハードレー循環と別の循環構造である。このような大気の循環機構がチベット・ヒマヤラ山塊によって形成されるため，雨期には，多量の降雨がもたらされることになる。**図-1**は，東南アジアにおける1月と7月の風向と熱帯収束帯の位置を示している。なお，

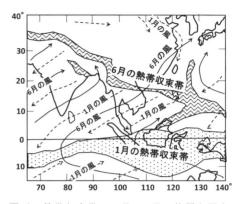

図-1　熱帯収束帯の1月，6月の位置と風向

日本の雨量の多い理由は，この大気循環の東の端に位置するが故であって，ヒマヤラ山塊の恩恵を受けているのである。

　東南アジアの自然河川流況を比べると，日本の渇水比流量は，$1m^3/s/100km^2$であるが，タイ，ミャンマーとも乾期の流量が小さく，雨期でも$1m^3/s/100km^2$を越える期間は長くない。年間の流出率は，日本は，52〜88%であるが，タイでは6〜29%，ミャンマーでは，タイよりも若干大きい。しかし，急峻な日本と異なって，タイ，ミャンマーは，流域地形の勾配が非常に緩やかで低平なため，雨水流出が非常に遅く，後背湿地や低平地を中心に湛水することから天水田として利用されてきた。

　このように，ヒマヤラ山塊の誕生によって形成された大気循環のメカニズムこそが，東南アジアに豊かな雨量をもたらし，低平な流域地形と相まって，アジアモンスーン地帯の稲作農業の持続性を将来とも保証しているといえる。

11.1.2 チャオプラヤ川流域の自然地形

　東南アジアのチャオプラヤ川（流域面積16.2万km^2）流域の形態を示すと，次のようである。チャオプラヤ川流域の地形標高は，河口から100km地点のアユタヤで2m，200kmのチャイナットで16m，700kmのチェンマイで250mであることから，勾配が非常に緩く，中下流には約66,000km^2の広大な低平地がある。また，同流域を概観すると，**図-2**に示すように，細流・支流の卓越する山地部が上流域，支流が合流して1本の本流として氾濫原を流れる中流域，本流

が分流してやがて海に流下する下流域のデルタに分けられる[5,6]。

上流域の谷底に開けた山間盆地には天水田や灌漑田がある。上流域の水田面積とその水源となる集水面積の比は，20〜30である。盆地では，山腹の支流の水を井堰で取水する灌漑農業が行われ，古くから農業地域として繁栄した。

中流域は，スコータイからチャイナットまでの区間で，上下に貫通する氾濫原とその両側に扇状地と段丘からなる山麓緩斜部が取り囲んでいる。この段丘を横断する形で山脈からの支流が氾濫源に流れ込み，それに沿う形で扇状地がある。この扇状地・段丘は，砂礫質で肥沃度に乏しく，水田対集水面積比は5と小さいため，そこでの灌漑田や天水田は水不足になりがちである。氾濫原は，河道，凸地の自然堤防，自然堤防の

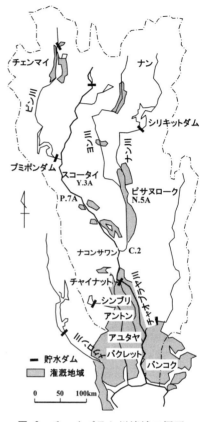

図-2 チャオプラヤ川流域の概要

背後湿地からなる。背後湿地は，自然堤防より3〜4m低く，その一部が沼地で，浮き稲帯となっている。背後湿地の水田対集水面積比は，30と大きい。

下流域は，チャイナットから海までの区間で，洪水の通過域である氾濫原と拡散・受水域のデルタである。デルタ域は，多少，起伏のある古デルタと広大な低平地の新デルタ，海岸部には沿岸湿地と瀬海部がある。古デルタの中央に位置する氾濫原では，8月になると，チャオプラヤ川からの溢流水が流入して湛水し，その湛水深は1m以上で，深いところでは4mにもなり，11月の河川洪水の降下とともに減水する。このような湛水域は，後掲の**写真-4**のように，雨季前に耕起し種籾を直播する浮稲地帯である。氾濫原を流下してきた洪水は，

下流の広大なデルタで拡散するため，湛水深が 50cm〜1m と減少するが，その湛水は 8 月から 12 月まで続く。河川の下流部は，感潮域となり，河川流量は日単位の潮の周期に強く支配される。バンコク付近の通水能力は，潮位の影響を受けて 3,500m³/s（2.2m³/s/100km²）と，利根川の利根大堰地点（流域面積 6,000km²）の計画洪水量 14,000m³/s（233m³/s/100km²）に比べると遥かに小さい。

このように，低平な流域地形であるチャオプラヤ川では，雨期の雨水が至るところで氾濫・湛水するため，雨水の流出が非常に遅くなっている。

11.2 チャオプラヤ川の 1995 年洪水

11.2.1 1995 年洪水の概況

1995 年 7〜9 月に駆けて，チャオプラヤ川上流域を中心に連続して台風に見舞われたため，9 月後半〜10 月初めに中流部が，さらに 10 月後半に洪水の流下とともに下流域での湛水被害が広がった。中・下流域では 1〜2 ヵ月にわたって農地だけでなく商業・住宅地も湛水し，死者は 171 人であったものの生活・生産活動が停止し，被害額 30 億バーツにも上った。バンコク，アユタヤなど都市周辺では，昔からの高床式の家屋と洪水時の舟利用などの湛水許容の風土から，車と床の低い家屋が増えて湛水を許容できない社会に変わりつつあり，洪水による湛水被害を一層深刻なものにした。

11.2.2 気象状況

フイリピンの東方海上で発生した低気圧・台風は，例年北上するが，1995 年 7 月末から 9 月初めには，北緯 18 度から 20 度に向かって西北西に，ベトナム，ラオス，タイ北部，ミャンマーに移動した。7 月 29〜31 日には台風"Garry"，8 月 7 日には台風"Heler"，8 月 24 日〜9 月 1 日には台風"Kent"と"Lois"が，タイ北部のナン地方を襲った。このため，表-1 のように，タイ全土では，7 月雨量は，過去 30 年間平均雨量が 198.5mm に対し

表-1 1995 年豪雨の過去と比較

地 域	7 月の月雨量(mm)		8 月の月雨量(mm)	
	30 年平均	1995 年	30 年平均	1995 年
上北部タイ	185.6	295.2	232.0	376.4
下北部タイ	170.5	237.5	202.6	332.8
中央タイ	141.3	164.7	184.5	268.6

て 263.5 mm，8 月雨量は，過去 30 年平均が 231.2mm に対して 327.9 mm となった。北部・中央タイの月雨量は，台風の通過した上北部タイで特に多い。

11.2.3 チャオプラヤ川の洪水状況

　台風はいずれもチェンマイ北部の国境付近を通過したため，チェンマイ市内では，60〜80cm の湛水を受け，プミポンダムでは，歴史的な流入量ではないものの，放流をほぼ中止して洪水の貯水に努めた。一方，ナン地方は直撃となったため，シリキットダムの流入量は，図-3 に示すように過去最大の洪水となり，9 月初めに満水位に達し，洪水時に 400〜500m³/s が放流されたため，ナン川下流の洪水を一層大きくした。図-4 に中流のナコンサワン地点の 1956 年からの最高水位と最大流量を示す。プミポンダムが 1964 年，シリキットダムが 1971 年から運用されてい

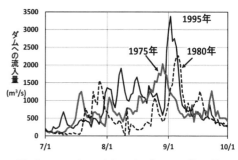

図-3　1995 年シリキットダムへの流入量

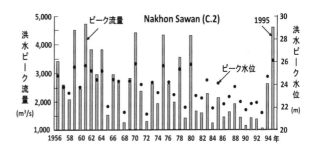

図-4　ナコンサワン地点の年最大洪水量と最高水位

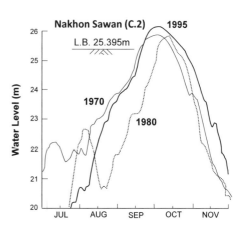

図-5　ナコンサワンの大洪水の水位

138

るにも関わらず，1995 年では，最大流量が 4,608m³/s と過去最大に迫る値となっている。**図-5** にナコンサワン C.2 地点の水位のグラフを示す。堤防標高が 25.4m であるから，堤防を越える水位が 9 月 20 日〜10 月 21 日まで続いたことになる。

表-2　1995 年洪水時の各地点の最大流量と通水能力との比較

観測地点名	最大流量 (m³/s)	通水能力 (m³/s)	最高水位 (m)	堤防標高 (m)
ナコンサワン C.2	4,608	3,700	26.12	25.82
チャイナット C.13	4,548	3,300	17.34	16.30
シンブリ C.3		2,500		
アントン C.7A	2,749	2,420	8.28	7.45
アユタヤ C.5		2,000		
バンコク C.4		2,000 〜3,000	2.1	

ナコンサワン地点より下流の状況は，**表-2，図-6** に示すようである。下流各地点の最大観測流量，通水能力と最高水位，堤防標高の関係を**表-2** に示す。**図-6** には，チャオプラヤ川下流各地点の水位ハイドログラフを示す。ナコンサワンの直下流チャイナットでは河道の通水能力を 1,200m³/s 超え，堤防上で 1m も湛水した。次の下流のアントン（自然堤防高 7.5m）では，9 月下旬〜11 月初旬まで水位の高い状況が続き，堤防上 80cm となった。パッサク川の流入を受けたパクレット（堤防高 1.9m）では，10 月末がピークとなり，下流端のバンコク（堤防高 1.6m）では，11 月初旬にピークの 2.1m となり，堤防を

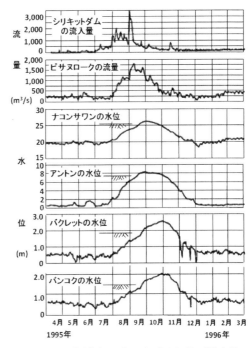

図-6　1995 年洪水のチャオプラヤ川下流水位

139

50cm 超えた。このように，チャオプラヤ川流域は広大かつ低平であり，川も自然河川で蛇行して通水能力が小さいため，タイ国灌漑局で収集された水利情報から，上流で 8 月末に起こった洪水がゆっくりと氾濫を伴いながら，11 月末まで掛けて流下し，海に至ったことが分かる。

11.3 中流域の流況と氾濫湛水

11.3.1 中流域の氾濫湛水

　ナコンサワン C.2 地点は，チャオプラヤ川の中流に位置してピン，ヨン，ナン川の合流地点であり，下流デルタの灌漑水を取水・分配するチャイナット堰の上流であるため，この地点の流況を把握することは，タイ灌漑局の最大関心事である。中流域のカンパンペット，ナコンサワンなど，主要 8 地点の 1995 年の観測雨量を図-7 に示す。いずれも 8 月，9 月に降雨が多いことが分かるが，降雨波形には，類似性に乏しいようである。1995 年の洪水による氾濫湛水域は，図-8 に示すようでヨン川及びナン川を中心にして広がっており，その面積は，7,230km^2 であった。ピン川では，プミポンダムの放流を抑えたため，ナン川との合流付近で見られる程度である。同図には，各河川の水位・流量観測地点も示されている。なお，以下の図-9, 10 で観測地点名に併示した距離は，C.2 地点からの距離である。なお，ナコンサワン郊外の湛水状況を写真-1 に，ナコンサワン市内の湛水状況は，写真-2 に示す。タイ国技術者の首まで湛水している。アユタヤの湛水状況が写真-3，湛水域で栽培されている浮稲は，写真-4 で，3 人が繋いでも持ってもまだ長い。

11.3.2 ヨン川の氾濫流況

　ヨン川の湛水状況は，図-8 に示されたが，ヨン川の各地点の河川幅を表-3 に示す。自然河川であるため，Y.3A 地点の川幅は 120m と広いが，下流の Y.4 地点では 60m と極端に狭く，各断面も広狭まちまちであり，河川の通水能が極端に小さくなっている。各地点の自然堤防の標高は，Y.6 で 68.0m，Y.3A で 60.8m，Y.4 で 50.2m，Y.16 で 39.0m，Y.17 で 38.8m，Y.5 で 29.7m である。5 万分の 1 の地形図によると，Y.16 地点付近及び Y.5 地点上流に周囲より一段低い凹地地形がある。氾濫域の河川の観測水位と観測流量を図-9 に示す。Y.6 地点で

140

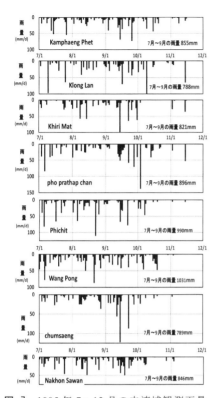

図-7　1995 年 7〜12 月の中流域観測雨量

写真-3　アユタヤの湛水害(1995/10/5)

写真-1　ナコンサワン郊外の氾濫状況

写真-2　ナコンサワン市内の湛水深
（タイ技師が首まで浸かる）

写真・4　アユタヤの浮稲栽培　95 年 10 月 6 日

141

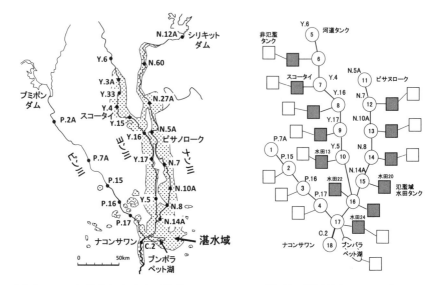

図-8　1995 年洪水による中下流域の
氾濫湛水域

図-11　低平地タンクモデルの
流れブロック図

は，8 月以降，上流域の非氾濫域からの流出量があり，流量の変動が激しいが，
直下流の Y.3A では，氾濫してピーク流量が半減し，さらにスコータイの Y.4 地
点では，氾濫して河道以外に貯留し流下するため，水位も上昇しないし，流下
流量も大きくならない。ヨン川を流下するにつれて水位及び流量ハイドログラ
フは，ピークが減少し波形がなだらかになっている。8 月～10 月の洪水期の Y.
5 地点の総流量は，直上流の Y.16 地点の総流量より大きくなっていないが，こ
れは河川以外を氾濫水が流下したと思われる。流量観測の精度は分からないが，
定性的にはこのように解釈される。なお，ヨン川の各地点の通水能力と最大流
量を示すと，表-3 のようである。

11.3.3 ナン川の氾濫流況

　ナン川も自然河川で大きく蛇行し，川幅も 100m 程度と大きくない。各地点の
自然堤防の標高は，N.7 で 37.0m，N.10A で 33.1m，N.8 で 30.5m，N.14A で 27.8m，
C.2 で 25.8m である。氾濫域の河川の観測水位と観測流量を図-10 に示す。N.5A
地点では，8 月以降，シリキットダムの放流と上流域から流出量で流量が急激
に増加し，N.7，N.10A と流下するにつれて，流量が増加し，洪水期間も長くな

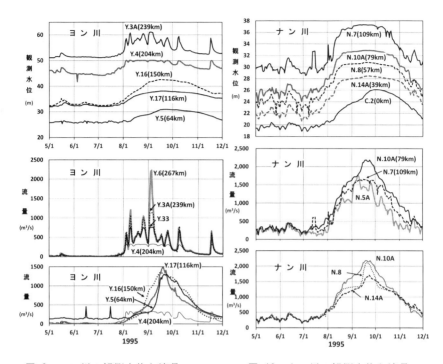

図-9　ヨン川の観測水位と流量　　　　　図-10　ナン川の観測水位と流量

表-3　ヨン川の通水能力と1995年洪水の最大流量

観測地点	Y.6	Y.3A	Y.33	Y.4	Y.16	Y.17	Y.5
自然堤防標高(m)	68.0	60.8		50.2	39.0	38.8	29.7
通水能力(m^3/s)	2,756	1,203	661	337	209	1,760	333
最大流量(m^3/s)	2,276	1,139	759	331	1,354	1,511	1,298
河道幅(m)		120		60	140	110	80

表-4　ナン川の通水能力と1995年洪水の最大流量

観測地点	N.60	N.27A	N.5A	N.7	N.10A	N.8	N.14A
自然堤防標高(m)	.			37.0	33.1	30.5	27.8
通水能力(m^3/s)	1,406	1,254	1,435	1,233	2,552	1,289	1,126
最大流量(m^3/s)	2,050	1,105	1,767	1,649	2,180	2,116	1,709

っている。しかし，N.8，N.14A と流下すると，氾濫湛水に伴ってピーク流量が減少し，水位ハイドログラフが扁平になっている。なお，ナン川の各地点の通水能力と最大流量を示すと，**表-4** のようで，N.60，N.5A，N.7，N.8，N.14A 地

143

点で最大流量が通水能力を上回って流れている。

11.4 低平地タンクモデルによる流出解析

11.4.1 低平地タンクモデル [7, 8, 9]

このモデルは，排水路をいくつかの区間に分割し，それぞれの区間内を一つの遊水池（河道タンクと呼ぶ）とみなし，遊水池間の流れを不等流式で，水田群をまとめた水田タンクとの流出・流入量を堰の越流式で計算する。

(1) 河道タンク　　河道タンク j の流出量 Q_j，流入量 Q_i とすると，河道タンク j の連続式は，差分形式で表すと次式になる。

$$\frac{W_j^{n+1} + W_j^n}{\Delta t} H_j^{n+1} + Q_j^{n+1} - Q_i^{n+1} = \frac{W_j^{n+1} + W_j^n}{\Delta t} H_j^n + \left(Q_i^n - Q_j^n \right) \tag{1}$$

下流側河道タンク k への流下量 Q_j は，不等流式を適用し，次式より求める。

$$Q_j = \frac{A_j R_j^{2/3}}{N_j \sqrt{X_j}} \frac{H_j - H_k}{\sqrt{|H_j - H_k|}} \tag{2}$$

ここに，W_j：河道タンク j の面積，A_j，R_j：河道タンク j の流水断面積及び径深，H_j，H_k：河道タンク j，k の（代表点）水位，X_j，N_j：河道タンク j，k の間（代表点間）の距離及び Manning の粗度係数，n：単位時間 Δt ごとの時間番号を示す添字。

(2) 水田タンク　　水田タンク i の連続式は，流入が降雨であるから次式となる。

$$W_i \left(H_i^{n+1} - H_i^n \right) \diagup \Delta t = W_i\, r_e - \left(Q_i^{n+1} + Q_i^n \right) \diagup 2 \tag{3}$$

ここに，W_i：水田タンク i の面積，Q_i：水田タンク i の流出量，H_i：水田タンク i の水位，r_e：時点 $n \sim n+1$ の間の有効降雨強度。

水田，河道タンク i，j 間の流量は，堰の公式を用い，潜り越流は次式となる。

潜り越流：$h_2/h_1 \geqq 2 / 3$：

$$Q_{i,j} = \pm c_2 b\, h_2 \sqrt{|H_i - H_j|} = c_2\, b\, (H_i - H_j)/\sqrt{|H_i - H_j|} \tag{4}$$

ここに，b：堰幅，H_i, H_j：水田タンク，河道タンクの水位，$c_1 = 0.35 \sqrt{2g}$，$c_2 = 2.5981 c_1$，$h_1 = H_H - z_b$，$h_2 = H_L - z_b$，z_b：堰高，H_H：H_i，H_j のうち高い方の水位，

H_L：H_i，H_jのうち低い方の水位。

　n 時点のときの水位・流量を既知として，$n+1$ 時点のときの流量を求めるには，次のように試算して求める。(2), (4)式は，水位に関して非線形であるので，これを Newton-Raphson 法で線形近似する。

　境界条件として水位条件を与える場合には，境界の河道タンクは (1)式の代わりにH_i^{n+1}＝既知水位となり，流量境界の場合には，(1)式の $Q_{i,j}^{n+1}$に既知流量を与える。

11.4.2 解析領域と境界条件

　ここでの解析対象領域は，ピン川の P.7A，ヨン川の非氾濫域の Y.6，ナン川の N.5A の下流側の C.2 までの区間で，流域面積は 29,925km^2 である。図-8 に示す中流域を，低平地タンクモデルのブロック図で示すと，前掲の図-11 となる。非氾濫域からの流出量は，山地域のタンクモデルなどによって求められるが，簡単のため，図-11 に示すように，山地等の非水田域も水田タンクと同様の構造とした。河道の流れは，18 個の河道タンクで表し，氾濫域は図-8 に示された湛水域として 12 個の氾濫域水田タンクで表し，その標高は 5 万分の 1 の地形図から推定した。氾濫域以外の地域を非氾濫域水田タンク 13 個で表し，その流出量は，流域地形に応じてその流下方向にある氾濫水田タンクに流入させた。非氾濫域の水田タンクの面積は，流域地形に従って分割したため，174～4,192km^2 となった。氾濫域水田タンクのそれは，77～770km^2 である。水田タンクの畦畔高さと水田土壌中の飽和水分量に相当する水深をそれぞれ10cm とし，畦畔標高より 10cm 下を田面とした。畦畔の欠口幅に相当する堰幅は，1km^2 当たり 1m とした。ピン川とナン川の合流点には，ブン・パラペット湖があるので，この湖

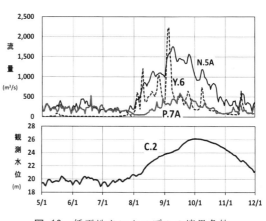

図-12　低平地タンクモデルの境界条件

を水田タンクで表現することにした。このように解析領域の流域モデルは，前掲の**図-11**のようになった。境界条件としては，P.7A，Y.6，N.5A に**図-12**に示す観測流量を，C.2 には観測水位を与える。初期条件は，乾期の 4 月 1 日であるから，水田及び非水田域も流出しないとして決定した。解析に採用した雨量は，前掲の**図-7**に示した Kamphaeng Phet，Klong Lan，Khiri Mat，Pho Prathap Chang，Phichit，Wang Pong，Chumsaeng，Nakhon Sawan の 8 地点である。水田に水が貯留しているときには，計器蒸発量の 1.2 倍を蒸発量として差し引くことにした。なお，計算の時間ステップは，1 時間とした。

11.5　チャオプラヤ川中流域における解析結果

　解析結果として，C.2 地点の計算流量のハイドログラフを**図-13**に示す。8 月の計算流量は，観測値を大きく上回っているが，境界条件として与えた P.7A，Y.6，N.5A の観測流量の単純合計値は，すでに C.2 の観測流量を 200〜600m²/s を上回っており，これに流域の雨水流出量が加わることになる。8 月は，洪水の初期であることから氾濫に伴う貯留効果もヨン川だけでそれ程大きくないはずである。10 月のピーク流量は，観測値 4,600m²/s に対して計算値 4,000m²/s と小さいが，全体的には，C.2 のハイドログラフを説明しているといえる。すなわち，雨期末期のこの流域には，膨大な量の雨水が貯留されており，ナコンサワンの水位低下に伴って貯留された雨水が一挙に流出し，これによって 4,000m³/s を越えるようなピークを形成することが分かった。

　また，ヨン川の各地点の水位を**図-14**に示す。同図で，非洪水期の水位がいずれ

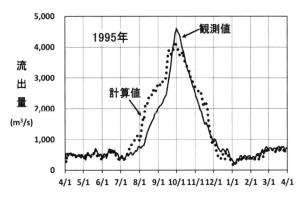

図-13　ナコンサワン地点の流出量ハイドログラフ

も観測値の方が大きい。これは，農業用水取水のための局所的な堰上げと考えられるが，未確認である。氾濫域のY.16～Y.5地点の計算水位のピークは，いずれも境界水位条件のC.2地点のピーク水位時に近い。**図-11**の流域モデルにおける水田番号13，20，22，24の湛水位の推移を**図-15**に示す。いずれも2，3ヶ月間も湛水していることが分かる。さらに，計算によって得られた氾濫域の最大湛水深を示すと，**図-16**となる。ナコンサワン付近では，2.4mであるが，**写真-2**では，ナコンサコン市内でタイ人の首まで浸かっていることから，周辺水田の湛水深として妥当な結果と判断される。管理区域212km²もあるブン・パラペット湖では，2.5m湛

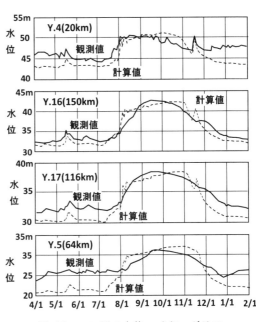

図-14　ヨン川の水位ハイドログラフ

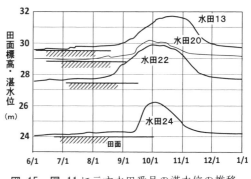

図-15　図-11に示す水田番号の湛水位の推移

水しており，その貯留量は大きい。この湖は，立地条件から三川の遊水池的性格を持っており，乾期の湖面水位23.8mをさらに下げることによって，その貯留機能の一層の増強が期待できる。これらのことから，解析領域29,925km²，その氾濫域5,335km²の広大な流域の洪水解析を低平地タンクモデルの非常に粗

147

い流域モデルで行ったが，その
実用性が十分検証できたといえ
る。

あとがき

　アジアモンスーン地帯では，
面積にしてわずか世界の14%に
過ぎないが，1990年で世界人口
の54%の生命を支えている。こ
れは，チベット・ヒマヤラ山塊に
よってもたらされる高温・多湿
という恵まれた水文環境と低平
な流域地形，それに順応した生
態系つまり稲作とが結び付けら
れた結果であり，その稲作文化
は，長江文明以来，今日まで
7,000年に渡って持続している。

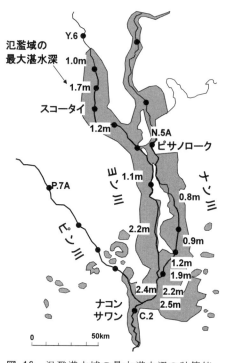

図-16　氾濫湛水域の最大湛水深の計算値

まさに，ヒマヤラ山塊の西に位置する乾燥地の国々とは対照的である。
　タイ国のように，雨期・乾期の明確な低平な流域では，雨期の水，即ち「洪
水こそが水資源」であるから，日本のように安易に排除するような計画はとる
べきでなく，地域の水文環境に順応した水資源利用と地域生態系の保全こそが
重要であり，持続的である。すなわち，雨期の洪水を海に安易に排水すれば，
乾期の水不足は一層深刻となり，輪中堤を作れば，堤外地の湛水も大きくなる。
また，低平な流域であるから貯留水深の大きなダムのできる適地は少なく，中
下流域の氾濫原こそが自然のダムとして下流域の洪水緩和の大きな機能を果た
している。現存の氾濫原の貯留機能を評価し，利水・排水の両面から最適な氾
濫原域を選定し，その氾濫原の一層の遊水池化と灌漑用水による乾期稲作の導
入で補完するなどによって，より効率的な水資源・土地の利用が図られる。

148

引 用 文 献

1) 早瀬吉雄：タイ国チャオピヤ川上中流域の水文環境と流出特性，第18回農業土木学会海外問題シンポジウム資料，pp.47～61 (1996)
2) 早瀬吉雄，臼杵宣春，小関嘉一，堀井 潔：チャオプラヤ川流域の水文情報の表示・解析システムの開発，農業土木学会誌，65(4)，pp.59～64(1997)
3) Y. Hayase, K. Koseki, K. Lapcharoen & A. Buddhapalit : Development of Hydrological Information System in the Chao Phraya River Basin, International Conference on Water Resources & Enviroment Research, Kyoto, Japan (1996)
4) Y.Hayase : Runoff Analysis in Low-lying Drainage Basin Composed of Paddy Field, Proc. of I. W. on Soil & Water Engineering for Paddy Field Management, AIT, pp.43-62 (1992)
5) 高谷好一：熱帯デルタの農業発展，－メナム・デルタの研究－，創文社 (1982)
6) 海田能宏：灌漑排水の現状と展望，石井米雄編著「タイ国：ひとつの稲作社会」所収，p.256 (1975)
7) 早瀬吉雄，角屋 睦：低平地タンクモデルによる流出解析法(Ⅰ)，農業土木学会論文集，165，pp.75～84 (1993)
8) 早瀬吉雄，角屋 睦：低平地タンクモデルによる流出解析法(Ⅱ)，農業土木学会論文集，165，pp.85～91 (1993)
9) 早瀬吉雄，角屋 睦：低平地タンクモデルによる流出解析法(Ⅲ)，農業土木学会論文集，165，pp.93～99 (1993)

149

12. 荒川上流森林域における「緑のダム」の水文学的検証

まえがき

　積乱雲の連なる線状降水帯の集中豪雨が，2017 年 7 月に九州北部で，2018 年 7 月に西日本各地で 600〜1,800mm の豪雨を降らせ，河川氾濫，山林崩壊などの大災害[1]を起こした。2019 年台風 19 号は，宮城県では僅か 6 時間で 367mm の豪雨を降らせ，丸森町などで大水害を与えた。このように，近年の集中豪雨や台風は，日本列島の至る所が想定外の猛烈な豪雨によって大水害に襲われる危険性を知らしめた。

　土木学会[2]は，想定最大規模降雨による荒川右岸低地の氾濫被害は死者 2,100 人，資産被害 36 兆円と報告した。河川の破堤・氾濫に関するキーワードは，上流からの洪水のピーク流量と総流出量である。ここでは，荒川上流域にある 3 ダムへの流入量・雨量データ[3]を基に，洪水規模とピーク流量の関係，国土数値情報の数値地図を基に流出解析を行い，森林山地のどこに雨水貯留されるかという「緑のダム」を水文学的に検証した。

12.1　荒川上流ダム流域の概要と解析洪水

12.1.1 解析対象の山地森林流域と洪水

　荒川水系（2,940km²）は，図-1 に示すように，甲武信ヶ岳に源を発し，山岳地帯の各支川が刻む V 字渓谷には，浦山ダム U 流域，滝沢ダム T 流域，二瀬ダム F 流域がある。流域面積，解析洪水とその番号などの一覧を，表-1 に示す。雨量観測点は，各ダム概要図に，ハイエトグラフとハイドログラフなどは，後掲の図-3〜14 に示す。雨量は，国土交通省の川の防災情報[4]，気象庁アメダス[5]を利用した。

12.1.2 流域の森林蓄積の増加

二瀬ダム，滝谷ダム流域を村内とする秩父郡大滝村では，2000年の林家は142戸である。2005年は，森林面積[6]が25,806haであり，森林蓄積量は，2000年から66万m³増え，555万m³である。

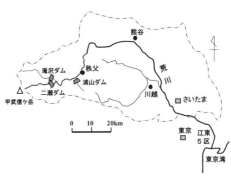

図-1　荒川流域と上流域ダム群

12.2 降雨規模による洪水量のマクロ的評価

12.2.1 洪水ピーク流量の変化

対象洪水の到達時間内の平均降雨強度は，洪水到達時間推定式[7]で，自然山地係数290として求めた。ピーク流出係数は，この値と観測ピーク流量の流出強度との比で，表-1の値となった。同表より，ピーク流出係数が1以下であるので，降った雨水の一部が流域貯留され，森林山地に洪水緩和機能のあることを示す。大滝村の森林では，上述の通

表-1　ダム流域，解析洪水，流出解析モデルの係数一覧

①ダム流域 （流域面積）		浦山ダムU (51.6km²)		滝沢ダムT (108.6km²)		二瀬ダムF (170.0km²)	
②洪水番号		U1	U2	T1	T2	F1	F2
③解析洪水	年 月	2007 9	2019 10	2016 8	2019 10	2007 9	2016 8
④総降雨量(mm)		470.5	703.8	108.0	451.5	465.4	155.5
⑤ピーク流出係数		0.75	0.87	0.66	0.70	0.73	0.48
⑥ピーク比流量 (m³/s/km²)		6.0	8.2	2.9	6.4	4.5	2.5
⑦ピーク3日後迄 総流出量(mm) 流出率(%)		416 88%	535 76%	111 82%	388 86%	371 80%	137 88%
⑧最大流域 保留量(mm)		253.9	428.8	88.8	237.7	276.1	101.5
⑨河道の閾値		250	220	80	100	400	380
⑩計算モデル上 のA層厚(mm)		72		75		75	
⑪地表流		発生	発生	無	発生	発生	無
⑫圃場容 水量(mm)	A層	70		80	70	70	15
	B層	75		70	60	60	10
⑬ 透水 係数 (m/s)	A→B層	0.007	0.008	0.007		0.007	
	B→C層	0.004	0.005	0.005		0.004	
	A→A層	0.08		0.08		0.08	
	B→B層	0.02		0.05		0.02	
	C→C層	0.04		0.03		0.04	

り，2019年は，2007年より森林蓄積量が増加しているが，2019年洪水U2は，2007年洪水U1に比べてピーク流出係数の増加，即ちピーク流量の増大を意味している。このように，降雨強度が大きくなるほど，洪水量が増えることは明らかである。

12.2.2 ピーク比流量の比較

表-1に示すように，流域面積を浦山ダムU流域と比較すると，滝沢ダムT流域は2倍，二瀬ダムF流域は3倍である。総降雨量がほぼ同じ460mm程度のU1，T2，F1の洪水を対象に，ピーク比流量を比較する。図-4，9，12に示すように，降雨波形のピーク強度は，T2＞U1＞F1であるので，ピーク比流量もT2＞U1＞F1であり，二瀬ダムF1が一番小さい。ピーク流量の最大は，流域面積の大きい二瀬ダムF1となる。

12.2.3 総流出量の比較

河川の下流域破堤による氾濫水位に影響するのは，上流からの総流出量である。ここでは，便宜上，直接流出量の定義を，洪水ピーク時の3日後までの流出量とし，3日後迄の総流出量の流出率は，表-1⑦となり，U1が88%，T2が86%，F1が80%であることから，総雨量の約20%が山地森林域土層に貯留され，地下水流出成分となって流出する。

12.2.4 雨水の流域貯留量の変化

洪水期の累加雨量から，累加流出量をmm換算した累加流出高を引くと，流域に貯留される流域貯留高が求まる。その最大値を表-1⑧に示す。大都市では，雨水は溜まる所なく流出するが，浦山ダム流域の流域貯留量の推移は，図-4(*b*)，5(*b*)である。2019年では，約40mm/hの豪雨が続き，流域平均で最高時に429mmの水が溜まっている。

12.3　数値標高流出モデルの構築

12.3.1 数値標高流出モデル

次の操作のできるソフトを自作した。50mメッシュの数値地図データから地形図をカラー表示させ，対象流域（図-3）を切り出す。流域内の窪地を補正し，標高差から落水線を描かせると，セルごとの落水格子点数が計測され，その格子点数が格子点ごとの集水面積を表すことになる。

12.3.2 森林土壌層のモデル化

森林山地斜面の土層は，図-2(*a*)に示すように，落葉層，10〜20cm厚の有機質

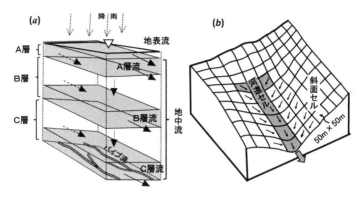

図-2 森林土壌層の3層モデルと流域のセル分割

土のA層，約30cm厚の多孔質化した粘土のB層，数十 cm〜数 m 厚のローム
と礫の混じった砂層状のC層で構成[8]されている。そこで，**図-2(*b*)** に示すよう
に，50m メッシュの数値地図と山地森林域の斜面をA層，B層，C層の3層モ
デル[8]で表した数値標高流出モデルを構築した。地表流には等価粗度 0.7 のマン
ニング則，A，B，C層の地中流にはダルシー則を用いる。C層の底には，水み
ち流れ[9]を想定する。河道流には，等流式を用いる。上述の A,B,C 層の流れを，
数式で等価に表現させる定数は**表-1⑨〜⑬**となる。(1)落水追跡で，格子点の通
過数が**表-1⑨**河道の閾値を超えると，上流側を斜面，下流側を河道とする。(2)
損失雨量は，降雨前の森林土壌層の水分状態に支配されるので，A,B 層が飽和
するのに要する水分量，**表-1⑫**圃場容水量を設定する。(1)，(2)ともに，試行錯
誤し，ハイドログラフの再現性が良い時の定数を**表-1⑨〜⑬**に示す。山地森林
域の微細な起伏で起こる水みち流れなどの流出現象を50m 間隔のモデルで等価
に再現するため，**表-1⑬**の透水係数は，巨大孔隙のある透水係数の測定値[10]より
も大きい。計算結果は，流出ハイドログラフの再現性とセルの A,B,C の各層の
貯留水深の流域全体の平均値の推移に注目した。

12.4 3ダム流域の解析結果と考察

12.4.1 浦山ダム流域の検討

　浦山ダム流域の概要を**図-3** に示す。浦山ダム流域は，標高 1,000m 以下に全
セルの 75%を占めている里山で,埼玉県内でも年間降雨量の多いところである。

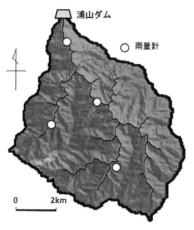

図-3 浦山ダム U 流域
2019 年の雨量計地点

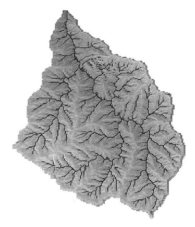

図-6　2019 年 10 月洪水 U2 での
f 斜面セルの貯留状況

(1) 2007 年 9 月洪水　　　8
月猛暑で下旬に少雨が続き，
9 月 5 日に襲来した台風 9 号
によって豪雨となった。**図-
4(*a*)** に示す 9 月洪水は，ダム
の総雨量と浦山[5]の平均値を
採用した。流出量の**図-4(*d*)**
に観測値を実線，計算値を点
線で示すが，ほぼ再現されて
いる。A 層上で地表流が発生
し，全セルの A,B 及び C 層
の貯留水深の平均値の推移
が，**図-4(*c*)** に示すように，雨
水は，A,B 層ともに圃場容水
量の不足を満たした後には，
同じセルの B 層から C 層及
び落水するセルの B 層へ，そ

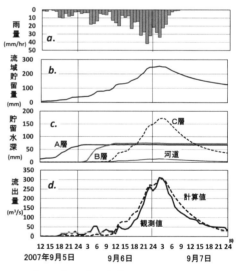

図-4　浦山ダム流域
2007 年 9 月洪水 U1 解析

して C 層から落水するセルの C 層へと流出して水移動する。このように，雨水
は順次，下流セルへ落水し，河道セルに流出する。河道の全貯留水量は，全流

域の貯留水深に換算して**図-4(c)**に示した。下流端流量は，降雨波形を反映した形になっている。

(2) 2019 年 10 月洪水　9 月中旬以降は，晴天，小雨程度であったため，流域全体が乾燥状態にあり，森林土壌層の圃場容水量不足分は，**表-1⑫**の値を設定した。**図-5(a)**に示す雨量は，24 時間で 665mm の豪雨であった。**図-5** の降雨と流出波形には，ピークが 2 つある。雨，流量の波形ピークを，それぞれ R,P で表し，順位を数字で示す。洪水到達時間が約 4 時間であるので，ピーク流出係数は，それぞれ**表-2** となり，第 1 ピーク R1〜P1 が 0.58，第 2 ピーク R2〜

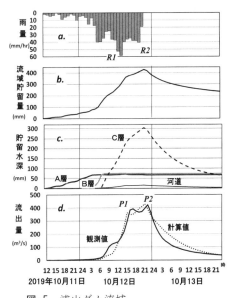

図-5　浦山ダム流域
2019 年 10 月洪水 U2 解析

P2 が 0.87 である。第 1 ピークより第 2 ピークの降雨強度が小さいが，ピーク流出係数は大きいことから，森林土壌層の雨水保留能が飽和に近いことが分かる。解析結果は，**図-5** で，A 層上で地表流が発生し，全セルの A,B,C 層の貯留水深の平均値の推移は，**図-5(c)**である。計算結果から各斜面セルのモデル上の貯留水深が得られ，1m 以上のセルの色を濃くして図示すると，**図-6** となる。谷筋や河道周辺のセルが濃く色付けされ，山地斜面の水分貯留状況が一目で把握できる。

12.4.2 滝沢ダム流域の検討

　滝谷ダム流域の概要を**図-7** に示す。滝谷ダム流域も標高 1,000〜1,600m に全セルの 67%が占める奥山である。**図-8** の 2016 年 8 月洪水 T1 の降雨は，滝沢ダムの観測点がなく，二瀬ダム流域の値を採用する。**表-1** の T1 列の通り，総雨

表-2　2 つピークを持つ洪水のピーク流出係数

ダム流域 洪水年月	浦山ダム U2 2019 年 10 月		滝沢ダム T2 2019 年10月		二瀬ダム F1 2007年9月	
ピーク記号	R1~P1	R2~P2	R1~P1	R2~P2	R1~P1	R2~P2
ピーク流出係数	0.58	0.87	0.70	0.99	0.64	0.73

量 108.0mm，ピーク流出係数 0.66，ピーク比流量 2.9，水収支からの⑧最大流域保留量は 88.8mm である。図-8（b）の A 層貯留水深が表-1⑩のA 層厚を超えていないので，地表流は発生してない。一方，図-9 の 2019年 10 月の洪水 T2 は，洪水到達時間が 5 時間弱のピークが 2 つある。データは毎正時で集計されるが，後のピークが 16 時以降に 22mm/h の雨が続いて起きたとすると，ピーク流出係数は，表-2 の 0.70，0.99 となる。R1〜P1 より R2〜P2 の降雨強度が小さいが，R2〜P2 のピーク流出係数は 1 に近い 0.99 で，森林土壌層は飽和している。計算結果では，A 層上で地表流が発生しているセルがあり，貯留水深 1m 以上の斜面セルと河道セルを図示すると，図-10 となり，小さな V 字谷も山頂近くまで濃く色づけされる。

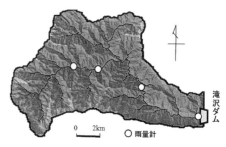

図-7　滝沢ダム T 流域と 2019 年の雨量計地点

図-10　滝沢ダム T 流域における 2019 年 10 月洪水 T2 での斜面セルの貯留状況

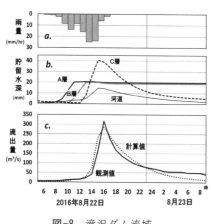

図-8　滝沢ダム流域
2016 年 T1 洪水解析

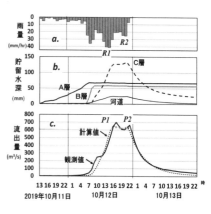

図-9　滝沢ダム流域
2019 年 T2 洪水解析

12.4.3 二瀬ダム流域の検討

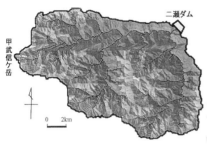

図-11 二瀬 F ダム流域の概要

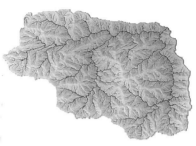

図-13 2007 年 9 月洪水 F1 での
斜面セルの貯留状況

二瀬ダム流域の概要を図-11 に示す。二瀬ダム流域は，標高 1,000〜1,800m に全セルの 67%を占める奥山である。二瀬ダム流域では，2019 年 10 月洪水は欠測である。表-1 に示したように，ピーク比流量が小さい。図-12 に示す 2007 年 9 月洪水 F1 の降雨には，ピークが 2 つある。洪水到達時間が約 5 時間であり，表-2 に示すように，R1〜P1 のピーク流出係数が 0.64，R2〜P2 が 0.73 であ

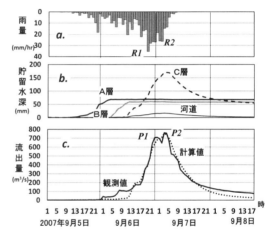

図-12 二瀬ダム流域
2007 年 9 月洪水 F1 解析

る。R1〜P1 より R2〜P2 の降雨強度が小さいが，ピーク流出係数は大きい。計算結果では，A 層上で地表流が発生し，貯留水深 1m 以上のセルを図示すると，図-13 となり，滝谷ダムと同様，小さい V 字谷も山頂近くまで濃く色づけされる。一方，2016 年 8 月洪水 F2 は，図-14 で，雨量が多くないため，地表流は発生していない。

12.4.4 山地斜面の雨水貯留する土層

図-2 の 3 層モデルで解析した結果，豪雨時の雨水は，A,B 層を飽和させて地

表流が発生し，C層に浸透・貯留して緩やかに流出している。森林施業と関係するA層は，初期に雨水貯留して飽和すると，その後は雨水を下層・下流に押し流す。ピークを2つもつ降雨と流出量の比較でも，第2ピークの方がピーク流出係数の大きいことから，長時間豪雨では，斜面土層が飽和して，降水がそのまま流出することになり，緑のダムの効果は発揮されないといえる。

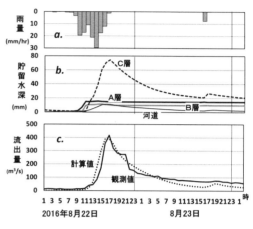

図-14　二瀬ダム流域
2016年8月洪水 F2 解析

あとがき

　山地斜面の森林土壌層は，雨水貯留するが，想定外豪雨時には飽和してしまうので，洪水防止機能は期待できない。荒川上流3ダムが治水機能を最大限発揮しても，荒川流域面積 2,940km^2 を 330.2km^2，11.2%減らしたに過ぎない。温暖化シナリオ RCP2.6 の場合[11]では，降雨量 1.1 倍，洪水の流量 1.2 倍，頻度 2 倍になる。荒川流域洪水浸水想定区域図[12]では，想定最大規模の降雨は 1,000 年確率の 3 日間総雨量 632mm で，荒川中流域の水田域などの低平地全域が水没している。2019 年台風 19 号では，前述の秩父浦山でこの値を超えて 2 日間で 703mm 降った。今後の温暖化時代は，水害を前提にした国土利用が必要である。

引 用 文 献

1) 虫明功臣，太田猛彦：ダムと緑のダム，日経 BP，2019
2) 土木学会：「国難」をもたらす巨大災害対策についての技術検討報告書 2018，http://committees.jsce.or.jp/chair/node/21 (参照：2020 年 3 月 10 日)
3) 国土交通省：水文水質データベース，http://www1.river.go.jp/ (参照：2020 年 3 月 10 日)

4) 国土交通省：川の防災情報, http://www.river.go.jp/ portal/#83 (参照：2020 年 3 月 10 日)

5) 気象庁：アメダス http://www.jma.go.jp/jp/amedas/(参照：2020 年 3 月 10 日)

6) 農林水産省：世界農林業センサス，都道府県別統計書，林業編，10 埼玉県，http://www.e-stat.go.jp/SG1/estat/List.do?bid=000001013279&cycode=0/（参照：2020 年 3 月 5 日)

7) 角屋　睦：流出解析法（その 8）農業土木学会誌, 48(8), pp.39〜44 (1980)

8) 小川　滋：山地森林地帯の流出に与える影響とその評価，農業土木学会誌, 56 (11), pp.45〜51 (1988)

9) 谷　誠, 阿部敏夫：パイプなどの水みちが発達した斜面土層からの流出水の逓減特性，水文水資源学会誌, 9 (5), pp.425〜437 (1996)

10) 太田猛彦, 片桐　真, 河野奉彦：大型透水試験器による森林土壌の透水係数の測定(II)，日林誌, 71 (4), pp.164〜167 (1989)

11) 国土交通省:適応としての治水計画,http://togo-.jp/assets/files/togo-d/20190524/10%E6%A3%AE%E6%9C%AC.pdf (参照：2019 年 11 月 25 日)

12) 荒川上流河川事務所:荒川水系洪水浸水想定区域,https://www.ktr.mlit.go.jp/ arajo/ arajo_index038.html (参照：2020 年 3 月 5 日)

13. 温暖化台風による水害に挑む
水土里資源のソフトパワー

まえがき

2019 年の東京都江戸川区水害ハザードマップ[1]では，巨大台風や高潮で江戸川区，墨田区，江東区などの江東5区のゼロメートル地帯が水深10m以上，1〜2週間以上も浸水し，被災者は250万人にも及ぶという。浸水危険地域には，数多くの大企業本社，金融機関・取引所，地下鉄があり，水害時には首都機能が停止する。

2015（平成27）年の水防法により想定最大規模の降雨を1/1,000年[2]とし，2018年には気候変動適応法が施行された。2019（令和元）

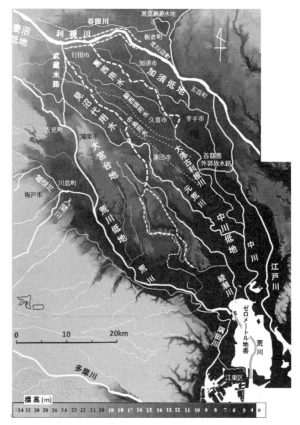

図-1　荒川・中川流域の概要と地形標高

160

年 10 月台風 19 号は，平年より 2℃高い南方海域で巨大台風に発達して伊豆半島に上陸，日本各地に大水害を与えた。1986（昭和 61）年に計画された八ッ場ダムは，33 年後にやっと機能発揮した。「緑のダム」には，ダム貯水池の機能はなく[3]，洪水を従来のダム・河道の点と線で処理することが困難となり，面で処理する流域治水[4]が必要となる。京都市南部の「巨椋池干拓田」，埼玉県の「見沼田んぼ」は，大洪水時には，「巨椋池」，「見沼」にする決断が求められる。ここでは，図-1 に示す荒川・中川流域を例に，水土里の知である「水田－水路系の反復水利用の機構」を活用して，洪水を広大な低地域に貯留させて減災する案[5]を述べる。水害軽減組織とその活動を法制化し，受益地域の自治体，企業，金融機関が支援する。この活動は，支援企業等には，気候変動リスクへの対応行動であり，「E（環境），S（社会），G（統治）and C（気候変動）」の実践といえる。

13.1　水害台風と降雨量

13.1.1　過去の台風の進路と 24 時間雨量

　関東で戦後の大水害を起こした巨大台風は，図-2に進路を示した4つがあり，気象観測所地点での24時間雨量を表-1に示す。1947（昭和22）年カスリーン台風は，関東地方の東端を通った。秩父で78.0mm/h，566.6mm/24h，前橋で50.3mm/h, 366.5mm/24hの豪雨が降り続き，埼玉県加須市で利根川堤防が決壊し，埼玉県から東京都内が泥海化した。1958（昭和33）年の狩野川台風は，関東を縦断し，東京で66.8mm/hの集中豪雨を降らせ，都内各地で大水害起こした。1993（平成5）年台風11号は，銚子沖を通り，東京で65mm/hの豪雨が降り，交通まひが発生した。12.4で示した2019（令和元）年台風19号は，秩父で30mm/h強の降雨が半日

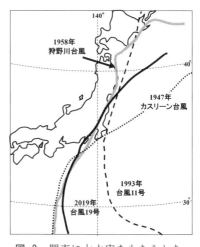

図-2　関東に大水害をもたらした
巨大台風の進路

も続き，荒川の支川で破堤した。**表-1**の台風による豪雨は，18時間ほど続き，1日程度で収まっている。

表-1　各水害台風における 24 時間雨量(mm)

発生年月	台　風　名	前橋	秩父	熊谷	東京
1947 年 9 月	カスリーン台風	366.5	566.6	283.0	124.3
1958 年 9 月	狩野川台風	167.2	323.5	295.5	392.5
1993 年 8 月末	台風 11 号	69.5	231.0	172.5	278.0
2019 年 10 月	台風 19 号	234.0	519.0	250.5	210.0

1947年カスリーン台風のように，利根川上流域から秩父山地にかけての広域が豪雨に襲われると大水害の可能性が高い。

13.1.2　首都圏外郭放水路[6]

　図-1に示す埼玉県に，中川，古利根川などの河川水を地下 50m に掘った放水路で繋ぎ，江戸川に排水量 200m³/s でポンプ排水する外郭放水路は，貯水量 67 万 m³ で 2008 年に完成した。その浸水被害軽減額は，2015 年台風 17,18 号で 373 億円，2019 年 19 号で 264 億円である。

13.1.3　気候変動による降雨量，洪水流量の変化

　IPCC 第 5 次評価報告書に示す温室効果ガスの最大排出量となる RCP（代表濃度経路）シナリオ 8.5 と排出量の最少の RCP2.6 の場合，超過確率 1/100 の治水計画における降雨量，洪水の流量と発生頻度の変化倍率[4]は，**表-2** となる。温室効果ガスの削減努力をしない RCP8.5 では，洪水流量が約 1.4 倍，頻度が約 4 倍，平均海水面が 0.45〜0.82m 上昇し，高潮が重なると河口付近では，堰上げ背水の流れとなって水位上昇を起こし，過去に床下浸水であった地区も床上浸水となり，水害発生頻度も増える。

表-2　降雨量、流量の変化倍率と洪水発生頻度の変化

シナリオ	降雨量	洪水流量	洪水発生頻度
RCP2.6：2℃上昇	1.1 倍	約 1.2 倍	約 2 倍
RCP8.5：4℃上昇	1.3 倍	約 1.4 倍	約 4 倍

13.2　埼玉県の人口動態と農業経営

13.2.1　日本の人口動態

　日本の総人口の長期的推移[7]によると，2050年の日本の総人口は，2004（平成

16)年の12,777万人から9,515万人に減少し，生産年齢人口が約3,500万人減少し，年間110万人が自然減少する。全国を1km²ごとの地点で人口増減変化をみると，2%の大都市圏でのみ人口増加，66%で半減，22%で無居住化する。

13.2.2 首都圏の人口動態と農業経営者

　図-1に示す地域の2045年の市町人口[8]は，2015（平成27）年に比べ埼玉県吉見町0.53，川島町0.57，加須市0.71，久喜市0.78，群馬県板倉町0.66，茨城県五霞町0.58と東京都心から離れるほど減少する。2015年の埼玉県農業従事者の平均年齢は68歳，販売農家の後継者率は53%で，群馬県板倉町では同じく65歳，31%である。今後，高齢農業者の退場と後継者減に伴って農業者の減少や耕作放棄地が増え，農業生産体制の再編や農地防災が検討課題となる。また，温暖化による気温上昇から米の二期作可能面積[9]が全国で1.5%から22.6%に増加する。

13.3　埼玉県中川流域の農業水利システム

13.3.1 利根川の東遷

　江戸時代初期には，荒川の流入する利根川，渡良瀬川，入間川が別々に江戸湾に流れ，常陸川，鬼怒川は霞ヶ浦を通って銚子の海に流れた。江戸幕府により，利根川は，渡良瀬川筋へ，さらに常陸川筋へと東遷を重ね，鬼怒川をも合わせて銚子へ流れる。荒川が入間川に西遷され，江戸川の一部が開削された。

13.3.2 埼玉平野の水田開発

　埼玉県は，秩父山地と埼玉平野に2分され，**図-1**に示す平野は，北方から東南方に緩く傾斜し，中央に大宮台地，その西に荒川低地，東に中川低地，北に妻沼低地，加須低地が広がっている。これらの沖積低地は，低位部に利根川，荒川などが乱流し，河川の流送土砂が堆積してできた自然堤防とその周囲の後背湿地からなる氾濫原で，文献[10,11]に掲載の図を重ね書きした**図-3**が示すように，数多くの沼跡地がある。江戸時代からは，利根川を元圦（もといり）とする高位部の見沼代用水・葛西用水などが用水供給し，利根川の瀬替えによって死水化した低位部の河道部（古利根川）を用水兼排水路や溜井として整備し，低地の湖沼や湿地帯の排水改良と用排水路の建設などを進めて一大水田地帯を造成した[10,11]。

13.3.3 水田—水路系の反復水利用システム

葛西用水は，直接あるいは溜井から各々の用水路に取水されて各々の農地に灌漑され，余排水は，排水路（落堀）を経て中川に集水される。見沼代用水から分水された騎西領用水，中島用水も同様で，余排水は，落堀から古利根川を流れ，途中の堰で取水，再度用水となる。元荒川の水も下流域の用水となる。この地域は，**図-4**のように，用水源が不安定なため，長年かけて，用水の反復利用システムが構築され，現在の排水系統図は，中川を軸に箒状に集水されて東京湾

図-3　水田になった沼跡地と用排水路網 [9,10]

に流出する[12,13]。干拓田になった沼跡地は，周辺より低位のままである。

13.4　低地の遊水機能活用による流出抑制

13.4.1　温暖化による洪水流量の変化

表-2に示すように，RCP2.6の場合でも，降雨量1.1倍，洪水の流量1.2倍，頻度2倍になる。気候変動により，豪雨頻度，流出総量，ピーク流量のすべてが増えるため，従来の計画流量の確率規模が低下することになる。今後の河川計画の見直し[4]では，将来の予測降雨から計画規模相当の流量を設定する。従って，温暖化による洪水流量は，現行基本高水よりも大きくなる。

13.4.2　利根川中流域などでの遊水地の増設

渡良瀬遊水地[15]は，貯水池面積 4.5km² であり，治水容量が 1,000 万 m³，約

500m³/s の洪水調節を行う。治水容量 1,000 万 m³ を確保するために必要な面積は，2m 湛水で 500ha となる。利根川中流域の遊水候補地には，群馬県板倉町 1,549ha，埼玉県の旧北川辺町（現加須市）386ha，茨城県五霞町 659ha の水田があるので，これらの幾らかを，遊水地，後述の遊水田域とする。遊水地では，貯留水深を深くし，治水容量を大きくすることができる。これらの遊水地に利根川の洪水流を遊水させ，利根川と江戸川のピーク時の流下量を減らす。また，2019 年台風 19 号では，荒川の支流が破堤したが，荒川の洪水流量の調節には，吉見町，川島町の低地の遊水機能の活用が求められる。

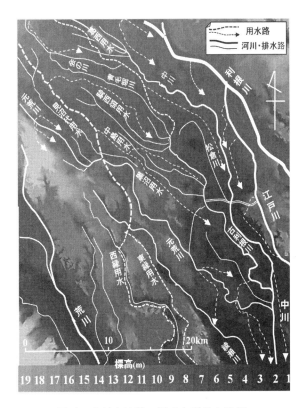

図-4　中川中流域の標高と用排水路網

13.4.3 遊水田域の設置

　農村地帯の農業者の減少と耕作放棄地の増加から，低地での大区画圃場整備などの農地再編を行

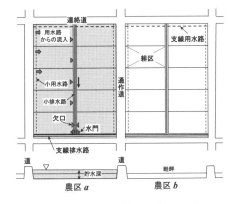

図-5　水田の耕地組織と貯水田のイメー

い，遊水田地や遊水地の候補地を生み出す。**表-1** に示すように，巨大台風が 8 月下旬以降に来襲することが多いので，遊水田域では，早期栽培により収量被害の軽減が可能となる。沼跡地を流れる河川・水路には，余水吐を設けて超過流量を沼跡地に遊水させる。13.3.3 で記述した反復水利用のメカニズムにより，台風時において，樋門を開けておけば，取水河川や排水路からの洪水が自動的に水田域に流入し，貯水される。圃場整備された水田の耕地は，**図-5** に示す形状である。圃区は 30cm 高の畦畔で囲まれ，一方に小用水路，他方に小排水路がある。農作業用の通作道，連絡道は，圃場面より高い位置にある。道路で囲まれた農区の真ん中に小排水路がある。遊水田域とは，水田の降水だけでなく，緩勾配の用水路・排水路などから溢れた流れの緩やかな水も，畦畔高を超えて広く貯留させる。農区が道路に囲まれているため，農区の小排水路は道路下の管渠で下流に繋がっている。そこに水門を設置し，農区内の湛水深を農道より低くなるよう制御する。さらに，洪水が地区内に広く分散・湛水するように，農道を嵩上げして輪中化する方法[16]がある。

13.4.4 埼玉県の中川・荒川流域の水田面積

2015 年農林業センサスによる水田面積に，畦畔高の水深 30cm 貯めたときの貯水量は，中川流域 17,262ha で 5,179 万 m^3，荒川流域 7,209ha で 2,163 万 m^3 となり，両者の合計 7,342 万 m^3 は，奈良俣ダム貯水量 8,179 万 m^3 に相当する。遊水田域は，農道で囲まれた輪中の集合地であり，畦畔高を超えて湛水させれば，大きな貯水容量が期待できる。さらに，遊水田域→貯水池→江戸川に排水する放水路方式にすれば，効果はより大きい。将来，豪雨予測，河川・氾濫の予測技術など，Society 5.0[17]によって，遊水田域の貯水戦略がより効果的に運用される。

あとがき

1990 年頃には，水田地帯の洪水防止などの国土保全機能[16]が議論された。温暖化の巨大台風による豪雨には，ダム，河道改修などの治水対策にも限度があるため，農村地域の低地に遊水・貯留させて，下流都市域の減災をする必要がある。昔から地域の農民と土地改良区が蓄積してきた農業水利のノウハウ・組織力を活用して，水土里資源の持つ遊水機能を発揮させて洪水制御をする。これこそが，水土里資源のソフトパワーである。今後，速やかに制度設計と運用・

損害補償などの法体系を確立し，官と民の役割分担が求められる。

引 用 文 献

1) 江戸川区：江戸川区水害ハザードマップ，https://www.cityedogawa.tokyo.jp/ /documents/519/sassi-ja.pdf (参照：2019 年 11 月 25 日)
2) 国土交通省：浸水想定の作成等のための想定最大外力の設定手法，https://www.mlit.go.jp/river/shishin_guideline/pdf/shinsuisoutei_gaiyou_1507.pdf (参照：2019 年 6 月 5 日)
3) 虫明功臣,太田猛彦：ダムと緑のダム，日経 BP (2019)
4) 国土交通省河川計画課 森本 輝：適応としての治水計画(2019),http://togo-.jp/ assets/files/togo-/20190524/10%E6%A3%AE %E6%9C%AC.pdf (参照：2019 年 11 月 25 日)
5) 早瀬吉雄：流温暖化台風による水害に挑む水土里資源のソフトパワー，水土の知，89 (3) pp.31～34 (2021)
6) 国土交通省江戸川河川事務所：首都圏外郭放水路,https://www.ktr.mlit.go.jp/ edogawa/edogawa00402.html (参照：2019 年 11 月 30 日)
7) 総務省：我が国における総人口の長期的推移，http://www. soumu.go.jp/ main_content/000273900.pdf (参照：2019 年 11 月 5 日)
8) 国立社会保障・人口問題研究所：男女・年齢(5 歳)階級別データ，日本の地域別将来推計人口 （平成 30(2018)年推計） http://www.ipss.go.jp/pp- shicyoson/j/ yoson18/3kekka/Municipalities.asp (参照：2019 年 11 月 5 日)
9) 国土交通省国土政策局総合計画課：「国土の長期展望」中間とりまとめについて，https://www.murc.jp/wp-content/uploads/2014/02/201401_16.pdf (参照：2019 年 11 月 5 日)
10) 見沼土地改良区：見沼代用水路，見沼土地改良区，pp.1～10 (1996)
11) 佐藤俊郎：利根川―その治水と利水，論創社，pp.48～124 (1982)
12) 児島正展，谷内 功，勝俣 孝，石井智子：見沼代用水の開発と展開による地域的意義と現代的評価，農業土木学会誌，65 (12), pp.1165～1170 (1997)
13) 峯岸正人，市川近雄，谷内 功，大久保義美：埼玉県中川水系における農業用水の地域水循環と諸機能，農業土木学会誌，68 (2) pp.31～38 (2000)
14) 国交省河川計画課：気候変動を踏まえた治水計画のあり方提言，https://www. mlit.go.jp/river/shinngikai_blog/chisui_kentoukai/pdf/02_honbuh.pdf (参照：2019 年 11 月 1 日)
15) 国土交通省関東地方整備局：渡良瀬遊水池総合開発事業定期報告書の概要，http://www.ktr.mlit.go.jp/ktr_content/content/000691710.pdf (参照：2019 年 11 月 30 日)
16) 早瀬吉雄：水田地帯の洪水防止・軽減機能の評価と機能向上事業の提案，農業土木学会誌, 62 (10) pp.1～6 (1994)
17) 内閣府：Society 5.0 ,https://www8.cao.go.jp/cstp/society5_0/ (参照：2019 年 11 月 30 日)

[著者略歴]

早瀬　吉雄　（はやせ　よしお）　　　石川県立大学名誉教授

　1947：富山県高岡市生まれ，京都大学農卒，京都大学大学院農修，京都大学防災研究所内水災害部門助手，北海道開発局土木試験所水産土木研究室長，農林水産省農業工学研究所水文水資源研究室長・地域資源部上席研究官，石川県総務課担当課長，石川県立大学教授，水文・水資源学会理事

　1977：京都大学農学博士，1979：農業土木学会研究奨励賞，1997：科学技術庁長官賞（研究功績者表彰），2018：農業農村工学会学術賞

　農業水文学（農業工学研究所），豊かな日本の生物環境資源（共著，農文協），地域環境管理工学（共著：農業土木学会），農業土木ハンドブック（分担：農業土木学会），水文・水資源ハンドブック「水文編」（分担：水文・水資源学会），環境保全と農林業（分担：朝倉書店）　など

水循環・水環境と生態系を支える水土里資源

2021 年 5 月 31 日　　初版第 1 刷発行

著　者　早瀬　吉雄
発行所　ブイツーソリューション
　　　　〒466-0848 名古屋市昭和区長戸町 4-40
　　　　電話 052-799-7391　　Fax 052-799-7984
発売元　星雲社（共同出版社・流通責任出版社）
　　　　〒112-0005 東京都文京区水道 1-3-30
　　　　電話 03-3868-3275　　Fax 03-3868-6588
印刷所　富士リプロ

ISBN 978-4-434-28953-8